管家服務

The Butler Service

2nd Edition

陳貞綉 / 著

序

　　猶記得在我要念大學的時候，很多人問我：什麼是「觀光科系」？畢竟在當時的台灣社會，大家仍是以醫生、科技產業作爲職涯目標，因此較爲耳熟能詳，因此大學裡的醫學系、科技的相關科系自然而然也就很吃香。但近幾年來，因爲服務產業的興起，加上餐旅產業的大舉徵才，在這不景氣的年代，似乎露出了一道曙光。這似乎驗證了我曾看過的一篇文章，其內容是闡述當你現在所從事的產業是別人不瞭解的事業時，那你成功的機會就很大。隨著觀光產業的興起，對剛出社會的新鮮人及二度就業的求職者而言，無不是一大福音，因此不管是技職體系或高教體系的相關觀光、餐飲或休閒科系瞬間林立倍增，也增加了不少滿腔熱血的莘莘學子投入。

　　而我在旅館業服務多年後，幸運地轉到教職的崗位，以我這般不算長的經歷在這個產業中根本微不足道，但因爲職場的貴賓服務及「英式管家」服務的經歷，讓我能在大學執教，將此經歷融入其中；同時讓我反思，如何在這個競爭的產業占有一席之地，那就得靠個人領悟出的服務心得。在我投入英式管家的職場中時，台灣在這個領域服務的人一直是少數，特別是女性的專業管家。在我服務的過程中不乏前輩及同事的指導，當然有些則是靠自己的經驗累積而來，但不管如何，「以顧客的需求爲基本原則，以顧客的滿意爲最高目標」是不變的服務理念。

　　一路走來，不管是在工作職場，或是現在的教職，很感恩一路協助、支持的朋友、同事及貴人，特別是先前服務旅館客人中的一對華僑夫妻，他們一再提醒我要貫徹英式管家的精神，學習更多不同領域的知識，讓我不因現況而自滿；還有玄奘大學及餐旅管理學系的包容與支持，以及大方活潑的同學們協助拍攝示範照片；當然最需感激的是一路相挺支持

的家人，特別是體貼的先生，若不是他的鼓勵，也許我永遠都不會完成
這一本書，而只會私下感嘆瞭解英式管家的人太少，卻不知自己也能do
something「MORE」。

　　我將職場的經歷及所學到的理念，略盡棉薄之力與讀者分享，希望
能藉此拋磚引玉，不再只是少數人才知道什麼是英式管家，能讓更多人知
道並瞭解什麼是英式管家、英式管家的服務熱忱及精神，讓「英式管家」
這個理念能傳遞出去，並將其精髓融入自己職場中。而這僅靠少數人默默
的耕耘是不夠的，希望能有更多人願意貢獻一己心力，唯有眾人的支持及
投入，才能讓此工作傳承下去，吸引更多同好及有熱情者加入，一起將此
工作發揚光大，也才能發現它的神聖與驕傲，甚至將其中心思想引導至其
他產業。當然，這需要更多人投入其中，所以希望有興趣及有機會成為英
式管家的你們，堅持自我的理想往前走，同時也希望你們可以不吝於給我
指導及建議，讓我能學得更多、看得更寬、想得更遠。

陳克嬌 謹識

目　錄

Chapter 1

緒　論

➤ 何謂「英式管家」？
➤ 英式管家之類型

　　體驗經濟是繼農業發展、工業發展及服務業經濟階段之後的第四個人類經濟發展延伸的階段，特別是服務產業已成為現今世界上成長快速且重要的經濟領域。體驗經濟是以「消費者」為中心的經濟型態，有別於過去的消費模式，消費者在滿足實際的物質需求的同時，更期待精神上的享受和自身價值的認知實現，如同Maslow需求層次理論中的「自尊」及「自我實現」之階段。例如「車子」對於將它視為代步的人而言只是一部工具，但對於高知覺價值的人而言卻是自我身分象徵的符號，因此，有些人選擇幾十萬的車子，卻有些人購買動輒百萬、千萬的豪華汽車。在體驗經濟的時代下，旅館住宿業不再只是提供一般性的餐飲及住宿服務商品而已，更是為顧客創造一種身心的體驗，為顧客留下美好的回憶。而現今M型化社會之發展，導致富者越富，貧者越貧，不論是世界各地之國家，無不面對此一極端現象；而企業在如此競爭飽和的市場中，如何具有其立足之地，往往考驗著企業的智慧及挑戰，期望藉由高品質的產品及服務，突顯市場的差異化，同時增加競爭優勢及品牌形象。

　　由資源論（resource-based view）的觀點來看，企業可以發展出各類有形或無形的資源，例如特殊技術或良好的企業聲譽，可轉換成獨特的能力。當企業建立起難以複製的資源，或發展出獨特的資源運用方式時，所轉化的能力便可以帶來持久的競爭優勢（Barney, 1991）。對旅館而言，有形的資產為建築物、硬體設施等；而無形的資產，則是提供服務的員工。但畢竟旅館產業有形資產的競爭優勢無法長期保持，相對而論，可透過員工訓練或服務再進化的無形資產更顯重要。轉型中的台灣面臨了國際經濟衰退及競爭激烈的困境，近年之經濟狀況呈現下滑趨勢，但這現象對於真正有錢的人，影響的幅度並不像一般民眾之巨大，他們依舊享受自己的生活、重視自我的生活品質，所以一些企業開始鎖定這些金字塔頂端的客源，為他們量身打造屬於他們的消費市場；對於固定成本頗高的旅館業，因受限於觀光商品的無法儲存性、固定性、季節性等諸多特性，無不在有限的競爭市場努力求生存，更是努力拓展屬於自己的新市場，特別是高利潤的豪華客層市場；根據交通部觀光局的統計數據，無論是國際型的

觀光旅館，亦或是觀光旅館、一般旅館，甚至是民宿等住宿產業，皆呈現逐年增加的趨勢（**表1-1**），同時觀光局統計，從2008～2016年全台新修建旅館就有958間，平均三天即有一家新旅館開幕，諸多數據皆可看出住宿產業的百家爭鳴，且加上現在消費者對於服務品質的要求越來越高，導致住宿產業的競爭已經呈現白熱化，可想而知，各家旅館業者無不努力開發新客源市場以增加企業競爭力及利潤。

　　而旅館業之折舊年限長，故在重新翻修裝潢的速度上較其他產業為慢，且裝潢成本的花費更是筆龐大的數目，因此大部分的旅館都採取逐年更新整修，舉凡現在台灣各縣市的知名旅館，例如：台北圓山大飯店、台北君悅酒店等知名五星級觀光旅館，無不有一定年紀，這些年代較為久遠的旅館，除了逐年汰舊換新以吸引客人，另一方法即是以「專業的服務」吸引更多的高消費族群；提及「專業的服務」，係指除了員工的專業知識及技能、旅館的便捷軟硬體設施等，當然更包含了最為客人所推崇的客製、精緻化服務。旅館中的管家服務在滿足顧客的個人化需求方面有其不可替代性的優勢，而「英式管家」就是將客製化的服務發揮到最為淋漓盡致的代表，不僅提供一對一的專人服務，背後更有龐大的團隊作為後援，以達到客人的任何需求，且是高效率的完成。現今台灣的英式管家，在國內已進入豪華精緻的旅館服務行列，專門配屬給入住高級客房的貴賓，將服務業推上另一個高峰，在國內幾家五星級觀光旅館，對特殊的貴賓早已配有專屬管家服務，此項服務目前已逐漸擴及到一般商務型旅館，以便能爭取到一

表1-1　國際觀光旅館、一般觀光旅館、旅館及民宿數量表　　　　單位：家

旅館別 年份	國際觀光旅館	一般觀光旅館	旅館	民宿
2013	71	40	2,810	4,355
2014	72	42	2,899	5,222
2015	75	43	3,010	6,076
2016	75	44	3,149	7,047
2017	79	47	3,277	7,793

資料來源：交通部觀光局（2018）。

較大型的星級旅館，對特殊的貴賓會配有專屬管家服務

些高級客戶，因此，現在旅館中所提供的英式管家服務開始呈現成長的趨勢，其中又以大城市中的五星級國際觀光旅館居多，如台北、高雄。

第一節 何謂「英式管家」？

　　英式管家是一項古老而且受尊敬的行業，因為這個行業使得許多人的生活產生了改變，而且是好的改變。英式管家將傳統的家政服務提升為高級家政管理，不僅只是從事一般家事的服務，更需要有管理、協商及溝通的能力。高級管家不僅要通曉多國語言，同時還要能擔當宴會的策劃者，並且能作為行政祕書為雇主安排商務行程，甚至作為營養師以照顧有病雇主的特別飲食及營養，堪稱是一位全功能型的家庭總管。通常我們常聽到的是「私人管家」、「專業管家」或是「管家」等大同小異的名稱，其實都是一樣的意思，就是「英式管家」，英文則為 "butler"。英式管

整齊的服裝、雪白的手套，動作優雅，嚴謹幹練，這是許多人對
「英式管家」的第一印象

家在西方國家（尤其是在歐洲）大約有六、七百年的歷史，其實管家起源
於法國，但卻在英國發光發熱，由於英國完善的服務理念及嚴謹的態度，
將管家服務的精神及宗旨發揮得淋漓盡致，因此管家各方面的傳統帶有
明顯的英國印記，所以才被冠以「英式」二字。英國專業管家協會（The
Guild of Professional English Butlers）的創辦人羅伯特·沃特森先生指出，
管家服務是管家協調所有工作事項達成的無縫隙服務，是實現客人高滿意
度的服務途徑；而吳亞娟（2011）則提出所謂的管家服務是個性化、私人
化的一站式酒店服務，管家所提供的服務是專業的、超值的、為顧客著想
的、富有人情味的、用心極致的、不斷滿足並超越顧客的需求與預期。英
式管家的設立是為了使其被服務之人能更便利與舒適，故對特定目標市場
有其吸引力（Mechelse, 2015）。

　　深色的燕尾管家服、雪白整齊的襯衫和手套、動作舉止優雅、嚴謹幹
練等，這些都只是「英式管家」的表象，其實這些表象還包含「專業」的精

髓內容，英式管家的職責並非像保姆一般只需收拾家庭瑣事，而是要負責家庭生活的各方面事務，例如：宴會策劃、餐飲服務、家庭關係聯繫等。英式管家需具備極高的素質，必須熟知各種禮儀、佳餚名菜、名酒鑑賞、水晶銀器的保養等等，幾乎要有上知天文、下通地理的本事，像是一本活生生的百科全書，堪稱是一位「知識專家」，以提供主人所需的相關訊息。

　　專業的英式管家除了服務於貴族家庭、富豪家庭及歐洲古堡內的家庭外，同時也服務於企業或旅館中，不管服務的對象為何，他們的工作內容不外乎是提供主人日常生活中的各項協助與需求，其中更以專業的「餐飲」服務最為普及，而管家也會充當「保鏢」的角色，替主人或賓客接收陌生信件，如果有必要，必須幫客人打開信件；客人用餐的食物，管家負責把關並檢驗其衛生安全。好的管家還必須是一位好的導遊，他們得熟悉各種娛樂活動、著名餐廳及景點，能迅速根據客人的喜好，推薦合適的地點，並且提供訂餐、訂車、訂票的服務。如果客人需要，管家還要充當翻譯和私人顧問，陪同客人出門應酬或遊玩；一旦遇到商務客人，管家勢必得具備祕書的功能，幫助收發e-mail、複印、列印文件等。所有相關的食、衣、住、行、育、樂等相關服務是必須的，其中的服務比重則依據服務對象之不同而有所差異，但其內涵是不變的，那就是提供精緻且針對個人客製化的一對一專業服務。

　　根據Steven M. Ferry（2005）*在Butlers and Household Managers: 21st Century Professionals*一書中所提及的"butler"，即是我們所說的「英式管家」。他更針對飯店butler這個單字做出下列解釋：「任職於旅館的英式管家，他的工作內容結合了服務生（waiter）、客房服務（room service）、服務中心（concierge）、櫃檯接待（reception）與房務服務員（housekeeper）的功能，管家的功能是為了提供房客高品質且盡可能符合客人需求的客製化服務；英式管家也常做像是貼身僕役或是個人助理等的工作，就像是一名全功能的祕書。」吳亞娟（2011）提出旅館中的管家服務，實際上是提供更加專業化、個性化的服務，將旅館中各項繁瑣的服務集中到一個高素質的人員身上，能夠為顧客提供一站式服務的專業人才。

管家服務中，以專業的餐飲服務最為普及

案例分享1-1
國際皇金管家機構的服務理念

　　國際皇金管家機構針對英式管家服務推出「皇金管家」服務理念，其理念分別是精細、周到、圓滿、美好。同時也提出了「六心」式服務技巧，分別為：對重要客人的精心服務、對特殊客人的貼心服務、對反常客人的熱心服務、對困難客人的細心服務、對挑剔客人的耐心服務、對普通客人的全心服務。國際皇金管家機構透過此服務理念及六心式服務技巧，主旨為實現客人的高度滿意度，因為客人的最後感受往往產生於消費的體驗過程中，唯有將旅館中的服務理念及品質確實地執行於每一個操作環節上，才能讓客人深刻地感受到；而旅館中的「管家服務」即是施行服務理念及目標的最高代表。

第二節 英式管家之類型

　　「英式管家」是一專門職業，雖說在台灣處於剛起步的階段，但對於西方國家，尤其是歐洲，早已司空見慣，其歷史之發展是跟隨著歐洲之貴族演進，專業的管家服務不僅強調高服務品質，更重視其個人化、細緻化的專業服務。依據管家所服務的對象、產業及性質之不同，約略可將英式管家區分為以下三種類型：

一、旅館中的管家

　　旅館中的管家服務力求在賓客的住宿期間享受到「家」的感覺及溫馨，所以整體宗旨在突顯旅館設施人性化、服務個人化、管理科學化等，這些因素決定了管家服務在旅館中的獨特性及重要性。當然，很多時候，旅館管家做的是居中協調的工作。通常管家手裡都有旅館各服務單位及人員名單，如果客人餓了，管家馬上聯繫廚房準備餐飲；如果房間髒了，管家立刻通知房務部（housekeeping）來打掃；若客人要外出，管家則負責聯絡司機；若是客人生病了，立刻通知醫生前來看診。因此，管家實為客人與其他部門人士的溝通協調橋樑，透過客人所提出之要求，找到關鍵人物立刻即時處理。

　　王月鶯等人（2013）提出旅館專業管家擔負多元及客製化服務品質之角色，同時提供旅館房客一站式的服務，針對金字塔頂端之客源有其吸引力，故對旅館而言，專業管家之價值不僅只是行銷策略，更是服務品質的保證。而英式管家在國際旅館中的服務是隨時且謹慎的，像是St. Regis就是每個樓層都有負責的樓層總管家，並提供24小時的英式管家服務。

很多時候，旅館管家做的是居中協調的工作

二、企業中的管家

服務於企業中的專業管家不僅要提供商業上的協助（例如祕書功能或財經理財功能等），更要具有宴會的策劃及舉辦能力（例如相關與會人士之邀請及瞭解主人與賓客的喜好和禁忌）；特別是在美國和德國等的一些商業經濟大國，英式管家的技能還被注入了全新的理念，例如，管家可以幫助主人管理財務，甚至打理公司業務及從事商業投資與併購活動。

三、私人家庭中的管家

而私人家庭中的管家則是帶領一支多功能的團隊（例如廚師、園丁、司機等），不但要以身作則，親力親為，做好模範的示範作用，更要提高自身的修養，用自己的智慧、經驗及專業判斷，去解決家庭中棘手的

問題及突發狀況，同時要能領導和教導家庭的工作團隊；因此私人家庭管家中的管家不僅是實務操作高手，同時也是專業培訓老師及工作團隊中的優秀督導者。

目前台灣的英式管家市場是以飯店中的管家居多，至於企業或私人家庭中的管家較國外為少數；而不同的管家類型會有其不同之服務重點及內涵，例如服務於企業中的英式管家，主要的工作職責是管理宴會、會議與餐飲服務，特別是會議與宴會進行中所提供專業的服務。本書針對不同類型的管家之工作內容及功能將會有更詳盡之闡述。

案例分享1-2 服務11位數身價富豪 管家也得非常人

根據《遠見雜誌》2010年9月號291期的報導指出，由台灣人創辦的港商宜諾集團，看準兩岸新富暴增的需求，提供豪宅管家人力仲介，希望更多人認識這個極具服務專業、極富潛力的行業，吸引更多人才加入管家團隊。

台灣最貴的豪宅，是2009年完工、鄰近松山機場的「文華苑」；大陸最貴的豪宅，則非上海浦東的「湯臣一品」莫屬。

巧的是，兩岸第一豪宅的幾位買主，都指名要香港宜諾集團的豪宅管家，為他們打理奢華生活。宜諾集團雖是香港註冊公司，但主要股東皆為台灣人，且來歷不凡，除了豪宅管理，宜諾集團也是飯店管理公司。旗下事業包括酒店管理、餐飲和訓練事業等。

宜諾目前所管理的酒店遍布兩岸，台灣部分，有位於阿里山的麗星飯店、麗森日出景觀酒店，以及花蓮秧悅美地，大陸部分，有位於上海的嘉定莫凡彼酒店（Mövenpick）、安亭精品酒店等。

「豪宅管家的人力資源，源於我們擁有飯店管理事業當後盾。」政大EMBA畢業、目前正在香港攻讀飯店管理博士學位的宜諾集團執行董事

王劭仁説。在參與創辦宜諾之前，他曾擔任台北凱薩飯店總經理職位，是飯店管理的專業。

令人詫異的是，其實宜諾是今年2月才推出頂級豪宅管家服務，卻能在短短時間內贏得兩岸富豪的青睞。目前管理的豪宅，共有三處，江蘇昆山會所，以及位於上海的華府天地、湯臣一品。

未來客户，則有陽明山上的21棟豪宅，甚至是還沒蓋好的超級豪宅，如台北文華苑和昆山Boutique DJ城市精品酒店旁的豪宅群。

◎條件：個性潛沉、身家清白

筆挺的深色西裝，雪白的襯衫和手套，彬彬有禮的舉止，總是笑臉迎人，是這一群管家給人的第一印象。他們熟知各種正式禮儀、佳餚名菜、名酒及雪茄的鑑賞與收藏、水晶銀器的保養等。然而，管理一所頂級豪宅，卻更是個錯綜複雜的工程。

首先，「要當我的客人，真的要很有錢，至少要有十一位數身價（百億）。」王劭仁説，管理費每月30萬至40萬元，一簽就是二十年，一年拿出近500萬元管理費，除非是百億富豪，否則無法負擔。

豪宅內還要準備兩間保姆房，因為宜諾派出的管家不只有一人，而是一個團隊，都住在豪宅裡。

管家團隊包含了一位管家、一位清潔主管和一位主廚，若豪宅屋內設有SPA，還會外加一名理療按摩師。這使得雇主的豪宅面積，至少要二百坪起跳。王劭仁指出，頂級豪宅管家賣的其實是信任。由於豪宅主人身價非凡，重視隱私與安全，因此管家團隊的成員，都必須經過嚴格挑選。

以下是成員的基本必備條件：在五星級飯店擔任過副理以上職務，以確保雇主能享有飯店式服務的尊榮；每個成員的家離豪宅不超過一小時車程，因為萬一休假，雇主有緊急需要時，能馬上趕回來。

而且他們都不能長得太英俊或太漂亮，也不能太伶牙俐齒或學歷太

好。「能言善道又長得好，業主會有戒心，而且可能做不久。學歷高又帥的人，怎會甘願在別人家裡隱姓埋名？」之前是大仁科技大學專職講師，目前直接指揮管家團隊的宜諾集團專案總監周威廷説，看起來舒服，態度又好的管家，雇主才會放心。

「初選」之後，王劭仁和周威廷還會到警察局徵信，查詢對方有無案底，更會特地到入選者的家中拜訪，做深入的身家調查，接下來才是訓練。

◎能力：觀察敏感、統御團隊

豪宅服務不等同飯店服務，需要更細心嚴謹。豪宅私屬管家，是極富有專業的人才，實際進入浦東湯臣一品，當一遍豪宅客人就能體會一二。

湯臣一品的門禁森嚴，想進去，得通過安保人員及三道掌紋指紋辨識。進入豪宅後，管家會先引導客人在名牌沙發椅上換室內拖鞋，若脫下外套，管家也會在第一時間上前接去掛好。

坐定後，殷勤但不會過分熱情的管家，先詢問首次到訪的客人要喝什麼飲料，上飲料時，便直接説：「XX小姐，請用。」因為「認臉」是管家的天職，客人下次來時，也要能馬上叫出姓名。

當賓主在閒聊時，管家通常就站在旁邊廚房裡，注意賓主的舉動，要是茶沒了，立刻出來倒，倒完再退出，不令賓主的談話被打斷。

「管家就是要這麼敏感，嘴很嚴，只要業主一個眼神，就安安靜靜把事情做完。」王劭仁説。

吃飯時，管家上菜的節奏不能太快也不能太慢，要視賓主用餐的速度而定。上完一道菜，管家站的位置亦有講究，站在雇主身後，和站到三公尺以外，給人的感覺就是不一樣，管家要懂得如何拿捏。

豪宅裡隨便一樣東西都價值非凡，銀銅器及高級器皿的擦拭、特殊材質家具的保養，以及高級衣物的送洗，都得牢記於心。像湯臣一品這間

豪宅，備有百萬檜木烤箱，沐浴完畢，必須立即清洗擦乾。

　　宜諾手上還有一張清單，列舉房子裡所有的財產和設備，一共好幾百項，每一項都拍照存檔。管家和清潔小主管，每天至少照單檢查一遍，看看東西有無損壞或遺失。

◎素質：自我提升頂級服務知識

　　上課，也是管家團隊的工作內容，由宜諾的管理總監每週上一至二次課，學習內容包括紅酒、精品、國際禮儀等，時時保持與雇主有相同的「頻道」互相溝通。

　　「下半年還要帶他們去台灣學習，參觀五星級飯店，品嚐台灣美食。」周威廷說，台灣的服務做得很精緻，能讓管家團隊增長見識。

　　另外，他們也要時時關心上海有哪些新鮮事物，收集各大小店家的電話及消費資訊，萬一雇主或客人問起，能馬上反應。比方，和業主出門一起去看電影，管家此刻就要化身「電影情報人」，將事先研究過的熱門電影資訊，建議給雇主，並且先買好票。出現緊急狀況時，也要能隨機應變。

　　總結豪宅管家服務，就是把很多細節做到極致。周威廷比喻說，豪宅管家就像一把可以解決所有的難題、知道所有知識的萬能鑰匙。

　　頂級豪宅管家團隊，必須是二十四小時候命，永遠比雇主早起床、晚睡覺，不只服務雇主，也要服務雇主的客人。「但他們絕對不是下人，這是一個彼此尊重的行業。」王劭仁說，一旦雇主爆粗口或動手打人，宜諾即會立刻解約。

◎特色：量身打造房屋外的服務

　　宜諾最與眾不同的是提供了「屋子以外」的服務，這也是其他豪宅管理業者難以複製之處。例如，團隊可以幫雇主設計「生活體驗之旅」，讓他們感受前所未有的樂趣。這些任何旅行社都設計不出來的行程，分為幾大類，包括庶民之旅、反差之旅、嘗鮮之旅等。

　　宜諾亦常受雇主所託，帶雇主初識的商界朋友去體驗特殊行程。若說私人管家是一種尊貴身分的象徵，獨家行程，更能讓雇主贏得友誼和人脈。

　　行銷「富裕一族」，第一層次是有質感，比質感更好的是有美感，然而，最高級的卻是情感。憑藉著專業化、國際化、客製化，宜諾打造出無與倫比的超級管家。台灣服務業愈來愈精緻，豪宅管家正是崛起的新服務代表。

Chapter 2

英式管家之歷史

➤ 英式管家的起源
➤ 管家的轉變
➤ 不同管家類型的工作

通常我們常聽到的是「私人管家」、「專業管家」或是「管家」等大同小異的名稱，其實都是一樣的意思，就是「英式管家」，英文則為"butler"。以下介紹英式管家的起源，隨著時代變遷英式管家的改變，以及現有的英式管家型態有哪些。

第一節　英式管家的起源

針對英式管家的起源，截至目前為止並無一個統一的解釋，而各國之專家學者較為共同認定的解釋是：butler這個字起源於古代法文的"bouteleur"，指的是酒杯的意思，以及拉丁文的"buticula"，即為瓶子的意思，現代英文中butler這個字歷經了拉丁文"buticula"以及法文，演變成現代英文中的管家"butler"。而大約在西元兩千年前，拉丁字的「buticula」經過長久時間的演變，由原本的瓶子（bottle）演變成在宴會中服侍酒類之服務人員的涵義；管家的角色隨著世代的改變，富有不同職務的意涵，最後轉變成為家庭中所有服務員工的最高領導者，其意義則為「僕役之長」，這個職位被委以管理和提供葡萄酒與其他瓶裝飲品服務的工作，因此管家的主要工作是掌管並服侍酒類與宴會的服務。在古代而言，酒類是家庭中相當重要的資產，酒及飲品通常為一個家庭財富的表徵之一，因此極為重視，而管家的主要工作就是保管並服侍酒類，由此可見管家在私人家庭中的地位及其重要性。在現代的家庭中，管家是最資深的工作人員，其名稱有Majordomo、Butler Administrator、House Manager、Manservant、Staff Manager、Chief of Staff、Staff Captain、Estate Manager、Head of Household Staff。

《聖經》中也有提及現代管家的先驅，早期的猶太人Joseph提到"pharaoh's"的解釋，也就是後來翻譯成英文的"chief butler"。

管家的起源是在中古世紀時期的希臘及羅馬時代開始發跡，當時羅馬時代的公民都有屬於自己的僕人，而這些僕人大多是奴隸身分，這些奴

隸則來自於戰俘。這種使用僕人的觀念由羅馬傳到了英國，在英國兩千年前出現了管理員（steward）這樣的僕役工作，管理員的工作職掌是替貴族照顧動物。直到大約西元十世紀時，英國的貴族發現可以讓這些僕人做更多不同的工作，於是在十一世紀以後，較資深的管理員的工作就被提升為替貴族監督家中從事家事工作的人，其主要工作的內容為餐桌服務、指導其他家中的僕人與管理貴族的財務。在此時期的butler仍接受管理員的指揮，主要的工作是負責貴族家中的酒類。在西元1861年時，英國的*Mrs. Beeton's Book of Household Management*一書中提及，大多男性管家於家庭中的角色是依據主人的定位，而家庭僕役者是以男性建立其工作模式。

　　管家服務起源於法國，但卻是在英國發揚光大，結合了英國人本身特有的禮貌素養及嚴謹態度，將管家的職業理念和職責範圍按照古代宮廷禮儀進行了嚴格的規範，所以英式管家服務已經成為服務中的經典與代表。目前，管家服務已成為體現國際級頂尖旅館的高品位、高質量、個性化服務的標誌，旅館所提供之管家服務是一對一的專屬服務，同時也是

管家服務在全球高水準的星級旅館中日漸時興

二十四小時的精緻化服務，因此管家服務開始在全球高水準的星級旅館中日漸興起，將成為旅館服務再升級的指標之一。

第二節　管家的轉變

　　管家原本是一個大家庭中處於中間階級的成員，在經歷了幾個世代的發展之後，管家的地位逐漸成為大家庭中的一位高級成員。管家的工作內容慢慢開始變得更為豐富、更為獨特與複雜，不僅侷限在家庭中，還會參與到家庭外的房地產及相關金融事務中。特別是在維多利亞時期，家庭中的管家工作者開始在很多國家迅速的增加（其中也包含美國），管家變成家庭中員工的資深者。這些演變的過程可藉由英國國內管家的發展經過中瞭解：在中古時代的英國，貴族的家庭工作人員大多為男性，在此時期唯一工作的女性是洗衣工、護士與將要成為女領主的女性貴族。

一、女性管家的崛起

　　在十七世紀的時候，因為中產階級誕生，使得這些商人及官員有足夠的財力僱用僕人，但在他們成為仕紳階級的過程中，很明顯的這些中產階級並不是適合的雇主（就是現在的暴發戶）。這些中產階級分子以極不尊重的態度與極差的待遇對待家中的員工，以突顯他們自己的身分地位。在同一時期，這些中產階級分子開始僱用更多女僕為他們工作，因為女僕較男僕便宜且容易控制；從西元1777年開始，因為需要更多的金錢對美洲殖民地作戰，於是英國開始對僱用男性僕人的雇主徵收稅金，使得男僕成為經濟的一大負擔，進而紛紛改為僱用女僕。在同一時期開始有了不同的現象發生，那就是有女性被受僱為女管家（butleresses）；在1892年時，史密斯牧師在他的書中記載著：

對於女性賓客而言，女管家的細心能讓賓客感到更安心

　　男性僕人實在太貴了，於是我找了一些女性僕人，她們接受我的受洗且命名為「bunch」，我教導她們成為我的管家，並且教她們讀書與做人處事的道理，Mrs. Sydney在我的教導下成為當地最優秀的管家。

二、管家之階級制度及工作內容

　　大家庭中的僕役有著嚴格的階級制度，管家代表著家庭工作者中的權力及尊重之象徵，他們通常較一般工作者專業且主導家庭中的服務流程，例如：即使管家站在門口迎接前來參加宴會的賓客，大門還是由門衛負責開啓，並且由門衛接過賓客的大衣及帽子，即使管家接過主人的帽子，他還是會將帽子傳遞給門衛，由此可見，管家在當時的家庭中有著舉

足輕重的地位，且可使役家庭中的其他工作者。而家庭中的僕役還是有晉升的機會，在此制度中，地位最低的僕人除了要服侍雇主外，還要服侍家中地位最高的僕人。

當時家庭本身區分成不同的責任區塊，管家主要是管理餐廳、酒窖、儲藏室及主要的樓層，直接在管家監督管理之下的是首席男僕，當管家生病或不在家中時，則是由首席男僕代理管家的工作，首席男僕通常是年輕的男性，主要的工作是服務餐點、守衛大門及搬拿重物，他們服務的工作比貼身男僕更多元化，而貼身男僕的工作內容則因為主人有所差異，管家可直接指揮資淺員工，且資淺員工也是直接向管家報告；若家庭中沒有專門負責房務的管理者，則由管家管理監督家庭中的清潔整理工作，同時女性員工及女僕也是由管家管理；若在較小的家庭中，管家通常就是貼身男僕。主人及他們的小孩是稱呼管家的姓氏，總稱為「某某先生」。

管家的專業技能是透過在學徒時期與在工作中學習而來的，在此時期，管家的職責如下：

1.負責規劃慶祝特殊的事件、晚宴並且擔任派對的接待員。
2.首席管家可掌管家中的經濟與財政。
3.負責其他僕人的人事與督導僕人的工作。
4.掌管酒窖與酒類的採購。
5.負責與供應商聯繫並購買所有家庭中的家用物品。
6.管理家中其他員工。

三、管家需求之演進

一般而言，管家在大家庭中的地位屬於中階員工，在經歷了第一次世界大戰後，西方歐洲國家對家庭內的管家需求頓時衰減，甚至是新興的美國也面臨此困境，在二次世界大戰時，英國的中產階級因為無法繼續負擔家中龐大的員工薪資，於是以往由家僕負責的工作，只好改由自己親自

完成，以減少工資的支付；而較富有的家庭，由於讓家僕投入戰爭，加上當時的食物與燃料改採取配給制，因而被迫縮減他們原有的奢華生活。全球的管家需求在1980年代後期達到了巔峰時期，根據國際職業管家協會（International Guild of Professional Butlers）的副總裁Charles MacPherson的解釋，是因為近年的百萬富翁及億萬富翁大量增加，於是他們需要有人協助管理他們的家庭，MacPherson特別提到在中國的有錢人更是快速增加，使得在歐洲接受過管家訓練的專業管家需求同時跟著增加，同時在亞洲、印度及中東國家也是相同的趨勢。

到了二十一世紀的現在，很多的管家需要負擔家庭中更多的責任及工作，Steven M. Ferry認為僅只服務餐飲及酒類的管家已經是過時的，雇主對能夠主管家庭大小瑣事的管家產生高度興趣，不僅要能提供餐桌服務，更要是貼身僕役及高科技設備的專家；而在雙薪家庭的小家庭中，他們則需要完全的家庭及個人的助理，當中更包括房務部清潔工作。在現今的社會中，管家可能存在於公司、大使、郵輪及「管家出租」的代理公司中。根據英國專業管家協會的數據顯示，2011年參與培訓的管家人數比2010年增加20%；專業管家培訓的倫敦貝斯普克公司當年培訓人數更是上升52%。由此可見，管家在英國及國際市場上仍然供不應求。而現代富裕階層的家庭為確保家中及所舉辦之宴會完美無缺，更是帶動了管家服務的需求，相對的管家的薪資也跟著水漲船高。

案例分享2-1

豪門管家　年薪1,600萬

全球富豪增加，管家行情看俏
「IQ不能差、EQ需要好、經驗閱歷要老到」

　　古今中外，豪門富室一定要有一個得力的管家，好管家是大戶人家維持秩序、穩定興旺的無名英雄，少有人知。但今天全球富豪數目遽增，管家變成熱門職業，而且是坑多蘿蔔少，身價奇高。

　　好管家難求，在豪宅名門裡擔任此職，等於一個小王國的宰輔，一個公司的總經理，這是一門精深的藝術，IQ不能差、EQ要更好，管理能力必須過人，經驗閱歷必須老到。

　　但高明管家可遇不可求，英國專業管家組織說，全球豪門大戶現在鬧管家荒，估計大約要增加二百萬人始敷需求。以富豪喜歡定居的英國為例，需要五千名專業管家，現有人力就是增加一倍，也供不應求。供不應求，價格自然走高，倫敦管家年薪一般約台幣198萬元。在美國，經驗豐富的管家年薪可達台幣1,600萬元。

　　不過，管家薪酬雖高，沒有年齡限制的問題，而且身價似乎老來俏，但現在拿來當終身事業的人卻不多。有此本事者，就業機會多，可能不願長年累月從一而終，但確實原因還有待探討。

　　管家和主人合作愉快，當然兩全其美，但雙方交惡的例子當然也不少，有的是管家碰到惡主，像暴力形象不斷的超級名模娜歐蜜用手機丟管家，被判社區服務一週。有的管家不自愛，如影星勞勃狄尼洛請一位波蘭女管家，被偷走價值98,000美元的鑽戒，女星甘蒂絲柏根請同樣這位管家，相機和名貴衣物經常不翼而飛，兩人告上法庭，那位管家俯首認罪，被判三年徒刑。（《聯合晚報》，2007/5/31，彭淮棟綜合報導）

台灣的管家在服裝上沿襲英式管家傳統的服裝為主

四、管家制服之改變

　　根據管家工作內容的改變，管家所穿著的服裝也隨著變動，傳統的管家穿著特別的制服，通常穿著端莊正式的服裝服務主人，如同Ritz-Carlton的座右銘 "We are ladies and gentlemen serving ladies and gentlemen." （我們是服務紳士與淑女的紳士與淑女），並和家庭中資淺的僕役穿著做區別。而現今的管家服裝則依據服務的狀況做調整，例如平常因為氣候因素，則穿著較為輕鬆的衣服，在特別的重要服務場合，則穿著正式的西裝；同時根據各國文化的差異也有所差別，例如：美國國家境內的管家平常可能穿著Polo衫及休閒褲，但在巴里島傳統上的穿著則為沙龍，而台灣的管家在服裝上沿襲英式管家傳統的服裝為主，以深色西裝及套裝為主流。

不同的正式服裝型態

　　根據國際禮儀之規範，不同的場合須穿著不同的衣服，其中又依據場合之不同而細分為以下多種的穿著方式：

1.正式場合（白天）的穿著：
  (1)早禮服（morning coat）。
  (2)西裝（lounge suite）。
2.正式場合（晚上六點以後）的穿著：
  (1)大禮服（white tie），也稱之為燕尾服。
  (2)小禮服（black tie）。
3.非正式場合（白天）的穿著：西裝外套及領帶。
4.休閒場合的穿著：運動休閒Polo衫及卡其褲等。
5.商務休閒場合的穿著：打摺長褲（應避免牛仔褲）、有領口及袖口的長袖襯衫（應避免將袖子捲起）。

第三節　不同管家類型的工作

　　管家經由來世代的演變，因應現在市場之需求，發展出不同的管家型態，除了一般較為人知的高級旅館中的管家外，還有受僱於私人家庭中的管家，以及協助企業的專業管家。

一、旅館管家

在台灣的管家市場中，以旅館中的專業管家最為普遍，因此旅館中的管家也是最為耳熟能詳的；從賓客入住旅館的那一刻開始，就會有專人進行「一對一」的二十四小時服務。因此，不論顧客何時入住旅館，皆是由同一個旅館員工從事專人服務。從賓客個人的習慣、偏好及禁忌等，管家都會提前進行瞭解並掌握，這就是旅館針對高金字塔頂端客戶推出的私人管家服務。旅館中的管家是賓客與旅館的中間橋樑，結合各部門的工作內容，例如：room service（客房服務）、front office（客務部門）、housekeeping（房務）等，同時具備多項功能的飯店工作者。現今台灣的旅館管家大多以五星級國際觀光旅館居多，其中又以台北市之五星級國際觀光旅館居首，根據陳貞綉（2014）的研究統計數據，發現附有管家服務的五星級觀光旅館之統計數據如**表2-1**所示。

表2-1　台灣五星級觀光旅館管家服務家數統計

區域	五星級觀光旅館家數	附有管家服務旅館	管家人數
宜蘭	3	2	6
大台北	27	14	99
桃園	4	1	2
新竹	3	2	6
台中	5	5	16
南投	3	2	6
嘉義	1	0	0
台南	5	1	10
高雄	10	5	22
屏東	2	0	0
台東	2	0	0
花蓮	6	0	0
總計	71	32	167

資料來源：陳貞綉（2014），第二屆旅遊與餐旅產業國際研討會。

管家服務

旅館管家是賓客與旅館各部門的中間橋樑

　　管家服務的對象主要是具有高消費能力的客人，這就決定了服務人員不僅要有良好的服務態度、意識、對旅館各部門的綜合溝通業務能力、服務技能的熟練掌握度，同時還要擁有豐富的工作經歷、超凡的親和力以及靈活的應變能力，以滿足不同客人的多變化需求及差異。旅館中的管家目的在做好客人的私人助理，協調旅館各部門與客人之間的關係；只要客人有任何的需求及問題，他們都會在最短的時間之內趕到客人身邊，彬彬有禮地傾聽客人的要求並提供適時的服務，迅速完成並解決客人的要求及問題。

二、企業中的管家

　　通常服務於企業中的管家主要是提供商業上的協助，例如：接待企業中的客戶、參與企業的社交活動、規劃企業的宴會與場地之布置、處理老闆的相關房地產與財務等事業。目前台灣在此類型的管家型態並不多

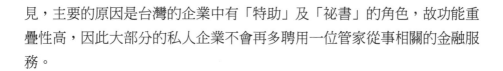

見，主要的原因是台灣的企業中有「特助」及「祕書」的角色，故功能重疊性高，因此大部分的私人企業不會再多聘用一位管家從事相關的金融服務。

三、私人家庭的管家

私人家庭中的管家是所有管家型態中歷史最為悠久的，同時也是工作內容最為繁瑣的，不僅要服侍家庭中的主人，同時要照顧家中的長者、兒童，甚至是寵物；所有家庭中相關的服務，例如：接待家庭中的訪客、提供旅遊相關服務（預訂機票、飯店、打包行李等）、餐飲服務、家庭聚會與紀念日之籌劃等。

早期由奧斯卡影帝安東尼‧霍普金斯在電影《長日將盡》裡的老管家就是最好的代表，他的嚴謹、忠實且服務周到的態度於影片中一覽無遺。他帶領並管理著一支包括家庭教師、廚師、保鏢、花匠、裁縫、保姆、僕人的家庭服務隊伍；不僅要安排整個家庭的日常事務，同時也是主人的私人祕書和親信；作為管理傭人的執行長（Chief Executive Officer, CEO），他經過專業的訓練及世襲傳承，有著極高的自身素質和豐富的生活知識，熟知各種禮儀、佳餚名菜、名酒鑑賞等。到近期的唐頓莊園（Downton Abbey）中，管家於世襲貴族家庭生活中的種種形式及功能，皆讓大家對管家之形象有所啟發及認識。台灣現在的私人家庭的管家不多，但近幾年在豪宅的快速增加下，物業管理公司的推陳出新，讓私人家庭的管家需求也開始蓬勃發展起來。

一個英式管家的日常工作

根據和訊網在2011年1月10日中的報導指出，一位英式管家的日常工作內容為：

◎燙報紙

一個英式管家早晨為主人做的第一件事就是燙報紙。燙報紙是一項歷史悠久的管家服務。這項服務是為了體現服務精神中的完美原則，可以將報紙中新鮮的油墨去掉，並起殺菌的作用，使主人在清早閱讀報紙時不至於把手弄髒。不過，現今這種服務即使在英國的貴族家庭也很少有人用了。

◎敲門

清早起來，管家進主人臥室要輕敲三下門，如果裡面沒有回應，心裡頭默數十秒，再敲三下門，如果還沒有回應就可以直接推門進去了。給主人送早餐時，要把燙過的報紙放在早餐下面，托在銀盤裡端進去。進門後先把早餐放下，然後把報紙遞給主人，之後則是走到窗戶前把窗簾拉開。

◎護衛

管家要時刻保持警覺。以送主人上車為例，保護主人上車時，管家要面向車頭，打開車門之前要左右環視一下，這樣即使真有歹徒，至少可以暗示他你是有防備的。打開車門後，管家應站在車門的後面，這樣如果有緊急情況，前面有車門擋著，後面有管家擋著，可以確保主人的安全。

◎外行

主人如果要出遊，管家事先要做出詳盡的計畫。一般至少設計兩條路線，預防堵車。路線的安排中一定要有醫院，如果有突發情況，比如小孩受傷，馬上可以送去就醫。

◎傳話

　　也許主人就在房間裡面見客人或進行商務會談。這時，作為管家就要隨侍一側，隨時接受吩咐。如果外面有口信或者電話留言給主人，管家就要把這些口信和留言的內容寫在紙條上，扣放在托盤裡送進去。待主人看完後，管家再扣著拿出來。

◎行李

　　當主人要離開時，比如出外旅遊，管家要負責整理行李。行李的放置也是有其規矩的：證件都放外面；衣服一件件收好；鞋子要用鞋套套好，以免弄髒其他衣物，並擺放在行李箱的兩邊。

案例分享2-4

台灣的管家市場

　　目前台灣的管家市場處於剛開始起步的階段，因此很多觀念及認知是較歐美國家不成熟的，因此真正接受過專業管家訓練的人員並不多，相對回到國內服務的機會也隨之減少。

　　筆者之前的許多管家同事在離開飯店職場後，有些間接轉入私人家庭擔任管家的角色，但大部分的人都無法承受而離開，主要的原因是雇主對私人管家的要求過高，但給予的協助及資源卻太少，如何使馬兒不吃草，卻又要馬兒好呢？因為台灣的家庭一般不會僱用太多員工從事不同的工作領域，所以管家僅能以單薄的人力去達到僱主的要求及期望，這實為一項極具挑戰的工作，畢竟巧婦難為無米之炊！

　　其中更有一位同事到國內某大企業擔任管家角色，其工作主要是負責企業招待所的相關事宜，但所有的大小事情不僅要他一人發落，也僅由他一人親自打理，因為沒有其他的協助員工，常聽到他到餐廳去預定外燴的事宜，因為此企業又有貴賓要到招待所；或是跑到百貨公司購買老闆的領帶等，因為老闆在上班時，發現所佩戴的領帶不適合等瑣碎事情。最後他舉白旗投降，找了另一個之前的同事頂替他的位置，他毅然決然離開了，即使當時他的薪水是不錯的，那新來的同事在接替他的管家位置後結局如何呢？……聽說比他更早舉白旗投降了。

　　目前在國內從事管家工作的人員，面臨了高度的挑戰，希望台灣社會之思維及觀念能儘快追趕上國際的步伐，讓管家的角色得到真正的發展空間，才能發揮它真正的功能；同時呼籲你我身邊若有人是從事管家的角色，要給予適時的尊重及鼓勵，讓這些人能繼續在這個產業努力下去。

Chapter 3

管家的功能

➤ 旅館中專業管家的功能
➤ 企業中專業管家的功能
➤ 私人家庭中專業管家的功能

在二十世紀初時，管家的基本工作內容為接聽電話、接待或是過濾所有的來賓、管理酒窖與負責家中的飲食服務；同時管家也像是一個家庭中的經理人一般，負責家庭中僕人的人事作業、負責採購並監督其他員工的工作、負責打理全家的需求。管家也常做貼身僕役或個人助理之類的工作，替雇主安排私人與社交的生活，必要時也要跟著雇主一起旅行，就像一名全功能的祕書一樣。但是，隨著時代進步，現代的管家型態隨著工作場所的不同，演變出不同的管家型態，並且發展出不同的管家工作內容及功能。

隨著時代進步，現代的管家工作也跟著變得繁瑣，負責的事項也更加鉅細靡遺，關於現代管家的工作職掌，可歸納為以下七大項，敘述如下（http://internationalbutlers.com, 2006）：

1. 商業服務（corporate services）。
2. 家庭服務（family services）。
3. 貼身僕役服務（valet services）。
4. 旅行服務（travel services）。
5. 娛樂服務（entertainment services）。
6. 行政服務（administrative services）。
7. 居家服務（home services）。

如同Mechelse（2015）所說，管家或者說私人服務提供者在家庭、旅館或是私人遊艇中，都具有舉足輕重的作用，他領導著一個由專業人士組成的團隊，不僅給雇主或客人提供超越預期的個人化服務，更是保證提供服務的人更加機敏，具有完備的知識與訊息。同時英式管家的中心概念為：永遠不說「不」。他可以為主人做任何事，因為他的思想、技能與知識，能讓所有事情都發生；即使他的技能與知識是無法當下讓它發生，那麼他一定會透過團隊或其他資源（例如網路、人脈）讓它盡可能的發生。

第一節　旅館中專業管家的功能

　　旅館中專業管家的服務型態有其不同的團隊方式，有些是一對一的客製化專人管家服務（例如台北香格里拉遠東國際大飯店的任務型管家團隊），而有些並非一對一的專業服務，而是以組成管家團隊的方式，由數位專業管家服務整樓層的住客（例如台北喜來登飯店、台北晶華酒店大班樓層、台北君悅大飯店等），通常設有專業管家服務的客房價格會高於一般飯店客房價格，但並非所有的旅館僅有上述兩種管家團隊，台灣還有許多的指派型管家團隊方式存在。旅館中的專業管家，其功能整理如下（http://www.igbh.com, 2006）：

1.針對每位住宿於設有管家樓層的住客，提供客製化與高品質的住客服務。

提供客製化與高品質的住客服務是管家服務的功能之一

2.建立房客與專業管家之間的需求關係。

3.專業管家就是一位充分授權的樓層經理。

4.專業管家就是確保住客在住宿期間的滿意度樓層負責人。

5.專業管家是一名多功能的旅館服務人員。

6.專業管家是負責房客與旅館管理階層的所有主管之間直接溝通的橋樑。

7.專業管家是旅館極具優勢及特別的行銷工具。

8.設置專業管家是簡化旅館員工結構的機會。

案例分享3-1

旅館管家服務只是一種時髦還是會長久？

　　根據國際白金管家協會的論點闡釋，此協會認為因管家的職責及對工作之熱忱與榮耀，無庸置疑的，管家服務是一項長久的工作。身為歐洲貴族的私人管家是要確保在他所服務的家庭中，所有家務都在不中斷的情況下運作，每天順利持續二十四小時，每年三百六十五天的原動力。作為一名專業的私人管家，你的職責就是專注於對你服務家庭的關注。在最少打擾客人的前提下，為雇主妥善處理所有雜事，不讓雇主因為任何其他事務而煩惱或分心。因為雇主很清楚，他的私人管家會處理好一切的事務，而他只需要專注於他的工作即可！

　　把私人管家服務延伸到高級旅館也是同樣的道理。當然，現今旅館的私人管家有男士也有女士，而且性別對工作性質基本上沒有任何影響。管家們就是需要確保客人在入住期間的安全、舒適與放鬆！

　　這就要滿足兩個條件：客人要瞭解並且接受，或者說習慣於他不需要什麼事都自己來的理念。因為有些客人會覺得，私人管家服務顯得過於貼近自己的生活。因此，現在的旅館會給予客人選擇私人管家服務接受與

否,和私人管家服務的層次到哪種等級。另外,管家還必須有足夠的服務意識和旅館授予的權限在有需要的時候採取相對應的措施。在此,國際白金管家協會還要強調服務意識與授權的重要性,因為這是管家服務的一大關鍵因素。大家都要意識到精挑細選和訓練有素的管家是可以為賓客做到一切事務的。也許不是所有的事都由管家一個人完成,但他卻是掌控並確保顧客一切需求得以滿足、將一切變為可能的核心人物。無論是顧客所提出來或沒提出來的需求,管家都有辦法且有品質地為顧客完成。正如同上述所說,一名出色的管家將永遠關注他所服務的客人的舒適與需求。他永遠都該清楚什麼時候該做什麼事,什麼時候該問什麼問題,當然什麼事不能做、什麼話不能說,私人管家更該清楚知道。他對工作充滿熱情,他生活和工作的宗旨就是使得他的客人愉悅而舒適。他覺得他有這個責任和義務。他會因為他所服務的客人的快樂和舒適而倍感快樂。這就是一名管家!

　　在旅館中,客人通常都只做短暫的停留。通常,經常出差的旅客會因為過多的出差而感到煩躁,甚至是不安。因為常態性的出差確實是很花精力的,旅館管家就是要用自己所能為賓客創造一種賓至如歸的服務環境,讓客人倍感舒適與關懷,且不用為公司以外的任何事物而操心。因此,國際白金管家堅信,「好」的管家永遠不會消失,而只會變得越來越受歡迎。

第二節　企業中專業管家的功能

　　任職於企業中的私人管家,其主要的工作職責是管理企業的會議、宴會與餐飲服務。專業的管家必須要能夠精準且有效率的提供日常生活中企業的各種需求,尤其是有宴會時更要提供專業的服務。

至於私人企業中的管家，其工作及功能分述如下：

1.提供商業性的服務及協助：
    (1)接待主管的客戶與賓客。
    (2)管理宴會。
    (3)協助服務餐飲。
2.提供企業中的行政服務：
    (1)處理企業中的社交活動、商業信件及各類的帳單。
    (2)提供辦公室助理服務，如處理信件、編製財產清單報表、管理辦公室並處理媒體及公關的問題。
    (3)負責企業主的電腦協助及操作。
    (4)處理相關的財務問題（例如保險、投資與信用卡）。
3.提供企業中相關的娛樂性活動服務：
    (1)籌劃企業主所需的派對。
    (2)寄發邀請函與處理後續回函工作。
    (3)負責所有預約事項，例如餐點之準備、場地之預定及布置。
    (4)活動當天負責接待賓客。

服務於歐洲的英式管家Mr. Thijs Van Der Meer（2012）提及，企業中的管家不僅要管理企業主的日常事務，更是企業主的私人助理與親信，能夠處理一些私人事項的同時，更必須承擔職業管家的工作職責，並懂得電腦及電子相關用品之使用，其他協助與打理的事項如：

1.公司事務。
2.公司團體旅行之安排，如機票、飯店、交通等相關事宜。
3.公司財務報表。
4.企業主之私人飛機及渡假旅館之安排。
5.與旅行社建立良好的關係。
6.與企業相關利害人之關係的維護，例如股東、合作廠商、投資者等。

7.安排企業主之餐點及飲食指南。

8.協助企業會議的規劃及舉辦。

9.企業宴會的規劃、招待及主持。

案例分享3-2

Valet Service

　　私人管家猶如一名貼身僕人，其工作內容是專門負責主人的貼身相關事項，例如：安排主人每日的服裝搭配及穿著、儀容的乾淨及衛生、預訂旅遊時的機票、飯店以及行李的打包等服務事項。

　　其中在行李的打包上有著深奧的學問，同時需要清楚相關之要點：

1.行李箱之選擇：一般針對主人旅行的天數挑選大小適中的行李箱，通常建議選用硬殼的行李箱，以防運輸中的損壞。

2.衣服之打包：不同衣服的準備及打包技巧是必須的，如西裝或Polo衫就是不同的打包方式，不同場合該有不同衣服的準備；貼身衣物需多備用，而男生袖扣也須多備用一組，以防不慎遺失時有其備選

行李的打包是私人管家的工作項目之一

（因為袖扣體積不大，並且需搭配衣服穿戴）。

3.使用打包清單：藉由打包清單的陳述，方便對照、整理，以防有遺漏的事項發生。

4.行李配置圖的使用：將打包的行李用圖表的方式呈現，方便找尋物品，即使管家沒有陪同前往，主人也能一目瞭然。

5.行李箱的辨別：在飛行時的大部分行李都會託運，容易產生混淆、辨別不易，可在行李箱外繫上地址卡，以利分辨；但須特別留意不該將主人的姓名及聯絡電話寫上，以防主人的個人資料洩漏而產生安全上的問題。

6.主人特別叮嚀的事項：主人特別交代需要準備的事項一定要確切的整理，並且確保有收入行李箱內。

第三節　私人家庭中專業管家的功能

　　私人家庭中的管家在照料家中事務上如同管理一間公司，因為工作繁多，且負責的家庭事項鉅細靡遺，因此管家扮演著像總管的角色，決定家庭中的服務事項、目標及品質，不僅提供協助與帶領整個團隊確保每日家居生活正常的運作，更引導團隊朝向正面的目標前進。現代管家的工作職掌，分別敘述如下（http://internationalbutlers.com, 2006）：

1.提供家庭中的相關服務：
　(1)接聽家庭的電話、接待來訪賓客。
　(2)家庭中社交信件的處理。

(3)安排日常工作事項。

(4)安排社交與慈善活動。

(5)安排私人勤務。

(6)協助餐飲服務。

(7)擔任司機。

(8)照顧家中的兒童、老人與寵物。

(9)負責購物。

2.提供貼身僕役服務：

(1)洗衣服務。

(2)協助購物。

(3)擦鞋與其他貼身的僕役工作。

而服務於歐洲的英式管家Mr. Thijs Van Der Meer（2012）提及其工作之功能如下：

1.家庭狀況之掌握。

2.家中工作之安排及其時間表（**表3-1**）。

3.所有和服務相關事務的關聯。

表3-1　工作時間表

區域	家中的位置	T.O.D
1	大門口、樓梯間、客廳、餐廳	M+A
2	主臥室的浴室、衣櫥及更衣間、運動室	M+E
3	其他房間及客房的浴室、床、衣櫥	M+A+E
4	廚房及早餐區域、準備室及員工使用的空間	A+E
5	書房、其他媒體娛樂空間	M
6	洗衣、整燙衣物、歸位整理	M+A
7	垃圾處理、帶寵物散步或整理	A
8	SPA室、按摩室、蒸氣室	M

註：縮寫代表

1. T.O.D：Time of Day　2. M：Morning　3.A：Afternoon　4. E：Evening

4.家庭中的服務標準：

(1)整體服務標準。

(2)行政事宜與日常規則。

(3)家務清潔與管理。

(4)衣物清洗與整燙。

(5)食物處理與烹飪。

(6)餐飲服務與娛樂。

(7)戶外區域保養。

(8)被單／床單清洗與處理。

(9)住宅保養及維修。

(10)交通安排。

(11)旅遊事宜。

5.提供旅遊服務的訊息並協助安排下列事項：

(1)安排家庭成員與賓客的旅遊計畫。

(2)協助旅途中的一切事項。

(3)負責行李的打包。

6.提供家庭中的娛樂服務：

(1)籌劃特殊節慶與派對等活動。

(2)處理邀請函與回函的工作。

(3)負責一切的預約事項，例如：預定餐廳、場地。

(4)負責接待賓客。

(5)協助規劃特殊慶典與表演。

7.負責居家服務的主導：

(1)管理家庭中其他的家僕成員。

(2)負責家庭中的勤務。

(3)負責挑選、監督及規劃家中的外包工作，以及與各類供應商聯繫的服務。

(4)提供或規劃住宅的保全服務。

(5)管理家中的酒窖並有品鑑美酒的能力。

(6)保養家中高級瓷器、銀器、水晶、車輛、美術品、畫作、古董
　　與其他的特殊收藏。

(7)管理家中的施工或住宅的改造計畫與規劃。

(8)車輛的保養。

(9)家中財產的管理。

(10)負責採買家中物品的服務。

案例分享3-3

專職的管家

　　一般私人家庭中的管家因服侍家庭主人的身分及財富而有所差異，若是家中僅有管家一人，沒有其他的僕人，則所有的家庭工作都會落在管家身上，但若有其他的僕人，則管家是擔任統籌指揮的角色。

　　之前的新聞曾經報導過，英國的某個古堡需要專職的管家，年薪約台幣70萬元左右，他的主要專職工作是「放熱水」，依據主人需求及心情，準備洗澡前的熱水與精油，就這麼一個專職工作內容，年薪就有如此高的金額，由此可推知，其他的專職管家薪資更是令人咋舌。

　　其中英國管家學院是世界知名的管家訓練學校，其教育訓練以餐桌取代書桌，教授傳統之管家訓練。因為中國等新興國家富豪及旅館等觀光產業之需求，讓英國訓練學校培訓出來的管家大受歡迎，畢業於管家學校的管家薪資很高，年薪最少也有2萬美金，據說專業且頂尖之管家年薪最高可達24萬美金。

案例分享3-4

英式管家　極品

英國管家是全球頭號管家品牌。世界億萬富豪數目遽增，管家成為熱門職業，他們如果能請到高明的英國管家，或英式管家，實在是造化。想想電影《長日將盡》裡的安東尼·霍普金斯飾演的老管家，就知道英式管家的看家本領何其了得。家中有英式管家坐鎮，是頂級生活的表徵。

英式管家往往主持一支人數可觀的隊伍，包括僕役、廚子、裁縫、花匠、保鑣、家庭教師，把住宅內打理得整潔有序，諸事井然。主人請客，則負責布置晚宴，從餐聚、椅子安排，到鮮花和蠟燭的配置，無不精準，管家不必事事躬親，但一定指揮若定，控制全場之服務流程之順暢。

其他如迎客、送客，都是管家的責任。主人出門，還需要擬定路線，使主人順利往返。沿途至少有一家醫院，以備萬一及突發狀況。這些是典型的英式管家傳統，其中當然各有變化之妙。

不過，現代管家偏向制度化，取用英式管家的精神，而變化其形態。新華網最近報導，北京有個二百多戶的高檔集合公寓，合設一個管家部，由六大管家主持，大管家上面有一位總管協調一切，稱為「現代英式管家服務」。大管家採值班制，帶一支七十多人的隊伍，分門負責整潔、安全、維修。成員要多才多藝，包括禮儀、雪茄的收藏和保管、品酒及選酒、中西餐烹調、插花、裝飾、各項西服須知，務期受服務者感到貼心周到，放心讓這些現代管家打理生活上的一切大小事物。（《聯合晚報》，2007/5/31，彭淮棟綜合報導）

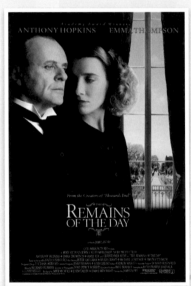

《長日將盡》劇照

資料來源：https://www.moviemovie.com.tw/db/program/17138/gallery

Chapter 4

管家之工作特質與人格特質

➤ 工作特質之定義與理論
➤ 人格特質之定義與研究
➤ 旅館管家之工作特質與人格特質

第一節　工作特質之定義與理論

一、工作特質之定義

工作特性（job characteristic）一般泛指與工作者有關的條件，包含所有工作相關的屬性（attributes）或因素（factors），最早概念的形成主要是希望能夠提高工作效率，並且增加其生產力；而工作特質又稱為工作特性。最早將工作特性有系統性歸納的學者以Turner & Lawrance（1965）最具代表性，他們認為舉凡工作所處的環境、因工作所得到的薪資與福利、工作所需的技能、工作安全性、工作挑戰性、工作中所學習的知識及技能與發展的機會、工作的人際關係、工作回饋性、工作自主性都是工作特性的屬性。而工作所能獲得的內部報酬（如滿足、成就、榮譽、促進自我實現的精神等）也算是工作特性的屬性之一。Hackman & Lawler（1971）指出工作特性是針對員工的「知覺工作特性」，即員工本身主觀認定其工作的各項特性。Seashore & Taber（1975）認為工作特性的範圍牽涉很廣，其中應包含工作本身的性質、工作環境、薪資、福利、安全感、工作本身給予的回饋、工作技能、挑戰性、自主性、從工作中學習知識及發展的機會、人際關係、工作內在的報酬，例如：榮譽感、自我實現、滿足感等。

Sims、Keller & Szilagyi（1976）認為，工作特質對企業經營的重要性有以下三點：

1. 工作特質會影響員工的工作滿足與工作績效。
2. 有關工作之研究都與工作本身的特質有相當程度的關係。
3. 工作特質對領導行為與工作滿足、工作績效的關係具有相當大的影響力。

二、相關工作特質的理論

　　有關工作特質的理論甚多，其中較廣為人知的理論分述如下：

(一)必要工作屬性理論

　　Turner & Lawrence（1965）以實地觀察法及訪談方式，針對470名員工分析出47項工作之特性，評估不同性質的工作隊員工工作滿意度及離曠職的影響。其中發現員工較偏愛複雜且具挑戰性的工作，歸納整理出六項必要的工作屬性，也就是所謂的必要工作屬性理論（Theory of Requisite Task Attributes），研究結果也證實必要工作屬性愈高，其工作滿足與工作參與度也愈高。他們所提出的六項工作特性為：

　　1.工作自主性（task autonomy）。
　　2.變化性（variety）。
　　3.必要的互動性（required interaction）。
　　4.選擇性或隨意的互動性（optional interaction）。
　　5.必要的知識與技能（knowledge and skill required）。
　　6.責任（responsibility）。

必要工作屬性理論之重要性由下列敘述明顯可見：

1.指出員工對於不同類型的工作，其所表現出的反應的確不同。
2.提出一套主要的工作特性，其用途可作為評估工作性質。
3.此理論提醒我們，員工本身個體的差異也會影響到對於工作的反
　應。

(二)Herzberg的雙因子理論

Herzberg（1966）提出的雙因子理論（Two-Factor Theory）又稱為激勵保健理論（Motivator-Hygiene Theory），該理論強調激勵因素的重要性，他認為影響有意義及挑戰性工作的主要變數是工作動機，為提高工作者的工作動機與工作滿意度，必須將工作做垂直性的擴張，使其工作設計達到工作豐富化，並提供成就、發展、責任及員工成長等機會。其中激勵因素包括工作本身、成就感、升遷機會、擔負重要責任、受人讚賞與被人認可等因素，而保健因素則包括上司領導、政策與管理、薪資、工作環境安全、人際關係、工作保障等。激勵因素不被滿足時，會引起些許工作上的不滿足感受；但當保健因素不被滿足時，則會引起消極的工作態度，進而產生工作上的不滿足感受。

雙因子理論在工作特質的研究上所產生的最大貢獻，乃是指出了工作中激勵因子的重要性，使工作設計者在安排工作時能注意到這一層面的重要因素，而調整其工作內容。

(三)成就動機理論

McClelland & Winter（1969）提出的成就動機理論（Achievement Motivation Theory）又稱為三種需要理論（Three Needs Theory）、成就需要理論（Achievement Need Theory）。指出人在不同程度上有以下三種需要來影響其行為：

1. 成就需要（need for achievement）：希望能做得最好、爭取成功的需要。
2. 權力需要（need for power）：不想受到他人的控制、影響或控制他人的需要。
3. 親和需要（need for affiliation）：建立友好親密的人際關係的需要。

針對以上三種需要而產生不同的激勵措施，需要高成就動機者給予工作績效的明確訊息，為其設立具有適度挑戰性的目標，並提供工作內容豐富化及良好的成就誘因，因此可產生較高的績效及工作滿足。為權力需要者則設立具有競爭性和體現較高地位的工作場合和情境。針對親和需要者設立共同合作的工作環境，而不是彼此競爭的工作環境。

(四)工作特性模式

　　Hackman & Oldham（1975）根據Turner & Lawrance的研究結果，將工作特性與個人對工作的反應兩者之間的關係予以模式化，提出「工作特性模式」（Job Characteristics Model, JCM）。其理論內容主要是提出，工作中的五種「核心工作構面」會激發員工感受到的「關鍵的心理狀態」，進而會影響到「個人和工作的成果」。這五項核心工作構面包含：

1.技能多樣性（skill variety）。
2.工作完整性（task identity）。
3.工作重要性（task significance）。
4.工作自主性（task autonomy）。
5.工作回饋性（task feedback）。

　　同時Hackman & Oldham（1975）認為這五項核心的工作構面，會影響員工對工作意義的體驗、對工作結果之責任體驗與對實際工作結果之瞭解等三個主要的心理狀態，並進一步影響個人的行為與工作表現，特別是此三種心理狀態同時都具備時，自我內在的激勵作用最高。他們並依據五種核心工作構面，設計出工作的激勵潛能分數（Motivating Potential Score, MPS），MPS的計算方式如下：

$$MPS = \frac{工作完整性 + 工作重要性 + 技能多樣性}{3} \times 自主性 \times 回饋性$$

第二節　人格特質之定義與研究

一、人格特質之定義

「人格」一詞源自於拉丁字的"persona"，原指舞台上演出人員所戴的面具，以佩戴的面具去扮演劇中的某一個角色人物，以作為個人身分的代表；另外之意是指個人的真正自我，包括個人的內在動機、習慣、價值觀、興趣、思想、情緒等，是個人過去、現在及未來的總和，也是個人特有行為的方式及表現，更是個人自我概念的延伸。目前在眾多的人格特質定義中，以Allport（1937）的定義最被廣為接受，其定義所指出的人格是一種不同於他人的思想與行為，並有其永久的特性，此種特性不僅是一種具有特定成分的組織結構，同時也具有一種隨著環境不同所產生不同反應的動態特性，他更進一步指出，人格是心理系統的動態組合，也是個人適應外在環境的獨特型態。

余昭（1979）藉由人格特質的研究提出，對人格的瞭解，將有助於預測一個人在特定的情況下，可能表現出的行為與反應，這對一個人的生活、社會活動及事業上都有很大的益處。楊國樞（1988）並進一步提出其個人對「人格」的定義：人格是個體與其環境交互作用的過程中所形成的一種獨特的身心組織，而此一變動緩慢的組織使個體於適應環境時，在需要、氣質、興趣、態度、價值觀念、性向、動機、外形及生理等方面各有不同於其他個體之處。這項定義，強調了人格是個體與環境互動的「結果」與人格「影響」個體的環境適應。

而楊國樞（1973）也曾經整理相關的人格研究領域中各種不同的「人格的定義」，他認為人格心理學者仍應繼續著重實在性的人格定義，同時需要兼顧：

1.個體與環境的關係。

2.人格的組織性或統合性。

3.人格的獨特性。

4.人格的可變性。

5.人格的多面性。

人格是一項顯而易見的外顯特質，它決定一個人究竟可能成為何種人物？任何一個人，個性是忠誠、陰狠、懦怯、堅毅、外向或內向，興趣之廣泛，理想之崇高，抱負之遠大，有主見、自信、果斷及活力，好的運動員風度、熱心、擅社交、幽默感、有創造性與良好的適應能力都在於人格特質上。在職場上，的確需要瞭解自己以及生活中周遭人之人格特質，以求得個人與個人之間、個人與團體之間的互相諒解，互相適應及互相融洽，獲致彼此之間的支持與合作。人格是由個人的多項特質所組合而成，在其行為上顯示出持續性及獨特性的型態而有別於其他人，這些表現於個人的各種身心特質，則統稱為人格特質。人格特質在企業管理領域及人力資源管理上一直被廣泛討論及重視，為企業招募人力時的重要預測工具之一，特別是高層級專業的人力需求上；至於哪一種人格特質的員工可以和企業效益相輔相成，並替企業帶來更多的利益，也是管理者所關注的議題之一，在員工的徵選過程中，我們也可看到人格特質居中扮演重要的測驗及錄取的角色。

人格的研究是複雜且不容易的，但對人格的瞭解，是有助於預測一個人在特定的情況下，可能表現出的行為及反應，這對一個人的生活、社會活動及事業上都有很大的益處，因此很多研究仍然努力著重在人格的瞭解。

余昭（1979）提出藉由人格特質的研究及探討的目的為下：

1.瞭解人格：在生活當中會遇到不同的人事物，並且隨時發生不同的情況，每個人會有不同的反應及應付方式，這些結果都有其不同的原因，這就是所謂的人格。

瞭解員工的人格特質，選派適當的人選在適合的工作崗位

2.預知人格：人們的許多行為、學業、事業、婚姻、社會關係等各方面的成敗，都和人格特質有其緊密的關係，因此預測人格的同時也有助於預測人們選擇的事業。

3.培育健全的人格與良好的調適：有了瞭解人格特質的能力後，可以進一步獲得培育健全人格及改進行為適應外部環境的能力。

4.人員選用：選派適當的人選在適合的工作崗位，以展現每個人的才能並發揮最大功能。

二、人格特質分類研究

人格特質理論（**Theory of Personality Trait**）起源於40年代的美國，其中主要的代表人物是美國心理學家Gordon Willard Allport及Raymond

Bernard Cattell。目前對於人格特質分類的研究甚多，較被廣為一般學者接受的理論有以下幾種：

(一)內、外控人格特質

　　此概念源起於Rotter在1954年所提出的社會學習理論（Social Learning Theory），其內控型特質的人，認為相信自己本身可以控制環境所帶來的影響，人為獎賞是因為個人表現所得；而個人認為事件的發生，是因為自己本身的行為、屬性及能力所造成，可由自己本身加以控制或可預測的，是由個人控制自己的命運。

　　而外控型特質的人則相反，認為事件是由環境、機會及命運等外在因素所影響，而非自我行為所能控制。內、外控人格僅止於程度上的差異，並無絕對的二分法之區別。Rotter進而又將內、外控取向的概念明確化，以學習的觀念創立個人的人格理論，其理論有四個主要的概念，即行為潛能、預期、增強價值及心理情境。此理論反映出行為是受期望（expectancies）、強化（reinforcements）、價值（value）所影響的，經過不斷地延伸與補充。

(二)Cattell的人格特質理論

　　Cattell（1943）利用十六種人格特質來預測個人在特定情境下的行為，其特質分類如**表4-1**。

表4-1　Cattell的十六種人格特質

1.樂群性	2.聰慧性	3.穩定性	4.興奮性
5.有恆性	6.敢為性	7.敏感性	8.懷疑性
9.幻想性	10.世故性	11.憂鬱性	12.實驗性
13.獨立性	14.自律性	15.緊張性	16.激進性

(三)五大類人格特質

　　一開始是由Galton（1884）所提出，他提出的詞語假說（lexical hypothesis）就是用人格特質特徵（traits）來描述人，總共找出一千多個代表人格特質特徵的字。之後Allport & Odbert（1936）沿用Galton的方式，從《韋氏新國際辭典》（*Webster's New International Dictionary*）中挑出一萬七千多個有關描述人格特質和個人行為的詞彙，再經由Cattell（1943）重新區分及縮減後，將其特徵描述詞彙濃縮為一百七十一個，藉由此結果設計成十六個因素的人格特質問卷，並提出十六項人格特質構面（如前所述），因此Cattell奠定了五大人格特質的基礎。

　　接著Norman（1963）使用自然言語驗證了Cattell的程序後，指出五因素模式是合理的人格特質分類法。之後Goldberg（1981）正式命名五因素模式為「Big Five」。最後由Schmit、Kihm & Chetrobie（2000）將人格特質區分為以下五大構面：

1. 外向性：指個人對於與他人間關係感到舒適的程度，若個人對自己和他人之間舒適的關係呈現越高或越多，則表示個性越外向。其特徵除了自信、主動活躍、喜歡表現等，尚有喜歡結交朋友、喜愛參與熱鬧場合、活潑外向。反映出社會人際互動、活動層級、對刺激的需求、自信和競爭力的量與強度。具有親切熱情、愛交際的、自信魄力、主動、積極探求、主動情感的特質。

2. 宜人性：指個人對於他人所訂定之規範的遵循程度，例如對主管、父母、配偶等人的規範，其遵循程度若越高，則表示此宜人性程度也越高。宜人性的特徵為有禮貌、令人信賴、待人友善、容易相處及寬容。其特徵反映出從慈悲到敵對的人際導向。且具有利他主義、幫助別人並相信其他人也會公平地回報、信任、坦率、利他行為、承諾、謙虛、富有同理心的特質。

3. 嚴謹性：指個人對於追求的目標之專心、集中程度，若追求的目標

越少、越專心致力於其中,則其嚴謹性的程度越高。其特徵為努力工作、成就導向、不屈不撓、有始有終,除此之外,其特徵也表現出明顯的負責守紀律、循規蹈矩、謹慎有責任感及細心。同時反映出組織、自我克制、堅持和目標導向行為的動機。具有稱職、井然有序、責任感、奮力完成、自我規律、深思熟慮的特質。

4. 開放性:通常指出個人興趣之多寡及深度。若個人興趣越多樣化,但相對深度較淺,則其開放性就越高,反之則開放性就越低。其特徵為具有開闊心胸、富於想像力、好奇心、具創造力、喜歡思考及求新求變。反映出為了某種理由主動尋求的經驗。具有想像力、創造力、藝術感受性、好奇心強、獨立的判斷,對於內外在世界強烈的好奇,生活經驗豐富,總是有新奇的想法和有別於傳統之價值觀的特質。

5. 神經質:泛指能激起個人負面情感之刺激所需之數目及強度,當個人所能接受的刺激越少,則其情緒敏感性越高。其特徵表現為容易緊張、過分擔心、缺乏安全感,較不能妥善控制自己的情緒、敏感。反映出情緒的穩定度和易於心理憂傷與適應不良重複反應的傾向。具有害怕恐懼、悲傷、窘糗、生氣、罪惡、厭惡、敏感、較多的非理性想法、無法控制自己的衝動、壓力處理較差的特質。相反端,即為冷靜、鎮靜、面對壓力情境不會不安慌亂。

到目前為止,很多研究皆指出五大構面是穩定的,並且不會因為樣本不同而有所變動;同時五大人格理論具有跨文化性,其特質是不分區域性的,即使跨文化也能適用。人格特質五大因素提供給企業組織關於服務員工人格特質的一項重要的架構。

(四)**Robbins**的五種人格特質取向

Robbins(1983)認為,在組織中,影響員工行為的人格特質分別為:

1.外控取向：內、外控取向指的是個人自認爲能控制命運之程度。認爲自己可以控制命運者，稱爲「內控者」，而凡事聽天由命者則稱爲「外控者」。

2.成就取向：成就動機指的是個人追求責任、挑戰及自我實現之程度。

3.權威取向：權威取向是指一個人爲了追求特殊身分地位及權力之心態。

4.權術取向：強調受到現實主義及理性觀點左右，並認爲爲了達成目的，可以不擇手段。

5.風險取向：風險取向則意指決策者願意承擔風險的意願。對於風險承擔或規避的意願，會影響到時間和對於情報的知覺。

第三節 旅館管家之工作特質與人格特質

　　人格是一項顯而易見的外顯特質，它決定一個人可能成爲哪一種人，因此在職場上，確實瞭解自己以及生活周遭人事之人格特質，以求得個人與個人之間、個人與團體之間的互相諒解，互相適應及互相融洽，進而獲致彼此之間的支持與合作。Siu（1988）研究提出多數公司投入許多時間、努力和金錢在找尋適合並吸引稱職的員工。因此對職場而言，從業人員人格特質實爲一大影響工作表現、同儕互動及團隊合作之影響因素。而Rowold（2007）的研究則提出對訓練單位而言，將受訓者的人格特質辨識清楚是很重要的，因爲它可以幫助預測所期望達到的目的；由此可以清楚發現人格特質對工作成效上的影響。

　　Rodgers（2005）提出現代觀光旅館面對主要的發展障礙，主要來自於高品質的要求，其中也包含了觀光旅館人力資源的專業能力問題，也就是許多觀光旅館並不是能清楚明確地辨別員工所需要的專業能力。如此可見，對旅館產業而言，正確的「人」是影響成功與否的重要因素。而旅館針對管家的專業性及高級性之服務，在其員工的挑選上實爲一大重要工

作，為避免不適宜的員工人選造成失誤及問題，因此旅館會針對管家的工作特質有其基本之要求，再針對員工的人格特質作深入的剖析，讓工作性質與員工人格特質相關吻合者從事飯店之管家服務，唯有管家之工作特質與服務員工之人格特質相似者，才會是從事專業管家服務的適當人選。

一、工作特質

　　旅館管家的工作特質跟服務產業相似，因為需要與賓客近身服務，所以在此僅敘述管家職務較顯著之工作特性。

主動積極的專業管家能馬上提供適合客人需求的菜單建議

(一)主動性

　　服務業基本的服務態度是提供客人所需的服務，而身為旅館中的英式管家，不能僅擁有最基本的態度，應該是提供主動的服務。何謂「主動的服務」？即是凡事「想在客人之前」、「做到客人要求之上」，例如：在客人入住旅館房間之前，專業的英式管家就會先準備客人可能會用到的旅館內各餐廳的菜單、酒單等，且詳盡細讀菜單的內容，並瞭解每一道菜的口味、烹調方式；在客人住宿期間需要點餐時，管家能馬上提供適合客人需求的菜單建議或協助規劃，而客人則不需自己等待餐廳菜單的送達，甚至花時間瞭解菜單內容才做決定，這就是專業的英式管家所具備的主動積極態度。

(二)專注之注意力

　　身為旅館的管家，需全神貫注於服務當中，同時注意周遭所有的人、事、物，以確保沒有任何意外及差錯發生，因此其注意力需要非常專注；特別是某些客人極需要「隱私性」，身為旅館管家更需留意記者媒體、粉絲的干擾。其中將耳朵打開「聽」是管家基本需要做到的，傾聽客人所說的話並放進自己的「心」則是成功的祕訣之一。

(三)敬業負責

　　一位英式管家在服務旅館貴賓的同時，就應該清楚認定此賓客在其住宿期間內，所有的相關事宜都是他的責任，儘管客人是在半夜兩點需要多一個枕頭，管家也應該親自送至客人房間，而不是請housekeeping的同事送過去，管家遞送枕頭至客房時並協助客人舒適就寢，並記錄客人之喜好，以利下次服務客人時能提前準備就緒。因此身為旅館管家的服務期間內，必須是隨著所服侍的貴賓時間而調整，換句話說就是二十四小時待命，不像一般的員工採用輪班制，上班時間結束了即可離開，所以英式管

家對此工作需持有敬業負責的態度,將客人在旅館內的每一分每一秒都認真服務,直到任務結束。

(四)謹慎及細心

　　前面敘述已經提及謹慎對旅館中英式管家的重要性,為了尊重並保護客人,謹慎的態度是不可或缺的,管家若是不慎造成賓客的抱怨、麻煩或問題,就會造成不利旅館聲譽的評價及風評,這些都會讓亟需隱私的客人退避三舍。通常我們將英式管家的細心服務稱之為"Extra",因為客人並無提出要求,也沒有預期管家會做些什麼,所以管家的細心對客人而言是種意外的驚喜,雖說客人沒有主動要求,但是管家藉由自己細微的觀察,可以洞悉客人可能潛在的需求及問題,進而提供合宜的服務以滿足客人;而如何才能做到所謂的「洞悉」呢?其實是藉由經驗的累積以及「用心」來判斷客人可能的需求,並同時針對這可能的需求事先準備相關資訊與用品,只要凡事站在客人的立場著想,就能洞悉賓客所需要的是什麼、

管家的細心與貼心會讓客人對意外驚喜感到窩心

在乎的是什麼。

(五)獨立性

對於旅館的管家而言，都是提供一對一的客製化服務，因為旅館的其他同事處於背後的協助角色，因此真正與賓客直接面對面溝通與及時提供服務者仍是僅有管家一人，所有的工作成敗也落於管家身上，因此管家需具備獨立完成工作及客人所囑之能力，並且具有高抗壓性之特質，以因應客人因時因地的不同需求，並在第一時間處理完善且達到客人需求之上。

案例分享4-1　　　　細心的服務態度

筆者在擔任旅館管家時，曾經服務到一位歐洲貴賓，他話不多且常獨自一人在房間中，需要我提供及協助的事情不多，但我發現他常常咬自己的手指頭，私下詢問他的助理後，發現他長時間因為工作的需求，手及手指常接觸一些化學藥劑，因此他的手常會過敏，特別是手指因為過敏而奇癢無比，所以他常會咬自己的手指頭以舒緩其過敏所產生的癢，且半夜因為抓手指頭的癢，造成隔天的床單上有些微的血漬，雖然說他不曾提及也不需要任何的幫忙與協助，但我準備了數條的小毛巾，將小毛巾浸濕後冰進冰箱內，等到他又開始咬他的手指頭時，我將準備好的小毛巾遞給了他，當時他訝異的看了我一眼，我告訴他說希望這對他能有一些小幫助，他向我笑了笑，在他準備退房離開旅館時，特地為了我幫他準備小毛巾這個小動作而跟我說謝謝，並且這個貼心的動作讓他在這次的住宿期間內手指頭因此而舒緩不少。

二、人格特質

旅館的人力資源管理上，針對應試者及館內員工之職務安排，除了考量其專業能力與學經歷之外，也依照人員不同的人格特質傾向，安排適合的職務，給予員工充分發揮才能的機會，亦提升員工的留任意願及避免因人員離職異動而增加人才養成的機會成本。而從事旅館管家服務的員工，因為其工作特性之要求嚴謹，若能培養相吻合人格特質的員工從事管家服務，定能產生事半功倍之效。而從事管家服務之工作人員之人格特質整理敘述如下：

(一)親和力

如果管家是一名擁有適宜肢體語言、主動進行眼神交流、微笑的特質，那麼當他從事服務時，就會因為他的親和力而使得客人願意接近或接受。親和力的特質包含外在的表現，例如：肢體語言、服裝儀容、名片（以利客人聯繫）。在私人家庭或企業中，雇主需要協助時很容易找到他的管家，但在旅館或遊艇上，可能就不是這樣，因此，管家需要隨時隨地讓客人看到他的存在，以備客人的不時之需。

(二)善於溝通

旅館管家需要與相關人員、團體及貴賓進行溝通，以達到服務順利完成溝通的狀態；擁有良好的全面性溝通技能，包含言語及非言語，能使得管家在面對所有人事物時，能清楚掌控其內容及進度。而管家的溝通狀態，需要使用正確的溝通方式，包含口頭、書面、e-mail或肢體動作，以確保傳達正確之訊息。

(三)取悅別人的意願

從事管家服務的人員需要擁有服務熱誠的中心概念,才可能在超時超體力的工作狀態下完成任務,甚至讓不可能變成事實,倘若僅遵守工作原則,沒有一顆服務熱忱的心,在管家工作狀況中是無法完成客人所有狀況百出、千奇百怪的需求。願意取悅別人是天生樂於助人,並不是勉強或僞裝,在工作中隨時熱情,隨時關注別人,並且讓人覺得眞誠、舒服。

(四)靈活

對於一名旅館管家而言,沒有制式的工作流程,皆以客人需求、偏好及當下狀態而調整,因此,管家在需要的情況下,更換其計畫、服務。而當這樣的狀況發生時,管家不會因爲規矩或之前的習慣而流露出焦慮、緊張或爲難;同時即使管家已經準備好所有的相關事宜,仍需要有計畫B或計畫C,以應對臨時狀況的改變,管家也因此能變得更靈活。

(五)負責任

不管旅館管家面臨什麼樣的要求或挑戰,都必須要馬上覺得那是他必須擔負的責任,也就是說,管家對客人提出的請求或問題時,需要負起責任,而且負責到底。即使是交由他人去協助或處理,管家仍需要追蹤到底,在問題解決令當事人滿意之前,管家不會置之不理,更不會逃避,擔負此責任到完全處理完畢爲止。

(六)創造力

創造力包含兩個構面，旅館管家需要創造自己成為是一名問題的解決者，有些時候即使問題處理得並不順利，管家則需要找到其他的方法去完成，或者需要有計畫B可以替代。另一構面則是管家需要藉由創造力或找到新奇事物讓客人"WOW"，感到驚喜。

(七)可信任的

對管家的職務而言，信任是一種基本的要素，當客人不願意信任管家時，管家的工作根本無法進行。因為旅館管家是提供客人近身的服務，包含客人的隱私也可能會協助或服務，因此，若客人不信任旅館管家，那麼賓客根本不會指派工作給他。在旅館工作的管家，相較於私人家庭或企業管家較容易讓客人產生不信任感，因為相處時間較少，但不管任何因素讓客人不信任旅館管家，他都要竭盡所能讓服務對象願意相信他。

案例分享4-2

筆者於2018年參加英國管家協會的訓練，當時講者Hugo Mechelse的概念說明、案例解說或個案訓練及檢討等，皆讓筆者受益良多。其中Hugo Mechelse針對管家特質的講授中，他提及願意擔任管家一職的人，是發自內心的喜歡為人服務，並且以自己的工作為傲，即使沒有人檢視管家的人格特質適合與否，但是管家應當自己檢視自己，而且是常態性的檢視，例如：三個月或半年檢視一次，藉由評估表檢視自己應該加強的特質有哪些，以增進自己更勝任管家的職務。因此，課程中提供了「個人素質評估表」，如下所示：

註明：5＝卓越；4＝良好；3＝一般；2＝需要加強；1＝差

	素質	定義	客人看到了什麼	1次	2次	3次	4次	…
1	親和力	客人可以輕鬆的來找你	開放式肢體語言、目光專注、微笑					
2	權威	你有自信或權利做某事	講話時傳達出知識以及自信					
3	意識	在需要的時候，主動採取行動	需要主動行動，觀察並記錄周圍情況					
4	溝通	面對任何人，有良好的溝通技能	用正確方式溝通，包含口頭或書面					
5	好奇心	想知道很多事情	提出很多與客人相關的問題					
6	注重細節	用眼睛發現一切需要改正的地方	善於觀察，不斷在最小細節上改進					
7	靈活	在需要的情況下輕鬆更改計畫	不會因為規矩或合約流露焦慮、為難					
8	衛生	注重清潔	隨時注意戴手套，尤其是接觸F&B					
9	主動	在被要求之前提前行動	事情一發生／剛提到某事，立刻行動					
10	知識	知道很多，並有慾望學習	提供很多隨時可用的信息					
11	傾聽	知道如何傾聽	機敏、取出筆記記錄					
12	做好準備	在任何時候、地點做好準備	提前考慮事情，在問題提出前考慮到					
13	負責	對問題／請求負起責任	展示責任心，回答問題永不說不					

Chapter 5

旅館管家之工作規範

➤ 工作規範之內容
➤ 工作規範之用途
➤ 旅館管家之工作規範

工作規範（Job Specification）為透過工作分析後，對從事該職務者之資格條件的界定與說明，也可運用於企業管理，提供特定職務的標準用人規範。工作規範內容主要記載特定職位人員所應具備之性格特質、特定技能、能力、知識、體能狀況、教育背景、工作經驗、個人品格與行為態度等。對於用人單位而言，可作為人力資源規劃、招募徵選、公平僱用、薪資報酬制定、績效評估及訓練發展的依據；對於已經晉用之人員也可作為工作期間員工權益之參考，或訂定契約之範本（張緯良，2011）。而工作規範主要目的在於規範工作者在此工作崗位上所須具備的資格條件，也就是所謂的KSAO（Knowledge, Skill, Ability, Other human characteristics）；Anthony等人（1993）指出，工作規範是對於從事某一項工作之要求，其從事之員工應該具備公司所要求的個人資格，以達成工作說明書中所描述該工作的任務與職責。而Dessler（2000）則認為工作規範是工作分析後的另一項產物，工作規範就是為了圓滿完成這項工作所需要從事工作人員的特質和經驗，其中包括學歷、技能等；而透過此項工作規範，組織就可依據此規範招募需要的員工，以及應該從事何種測試以發掘適合之人選。

第一節 工作規範之內容

不同的產業及工作性質會有其不同的工作規範，同時不同的工作崗位也會有不同的工作責任及規範，針對不同學者提出的工作規範內容整理如**表5-1**所述。

透過學者之不同文獻的探討，可清楚瞭解工作規範是對於現在任職者或即將應聘的人員應該具備的個人特質之要求，其中包括職場特定的技能（如烹飪技能、焊接技術等）、能力（如顧客關係管理能力、邏輯思維能力、溝通與協調能力、領導力等）、專業知識（如金融專業知識、市場行銷分析等）要求；相關身體素質要求（如視覺、嗅覺及身體靈活性等）；教育背景要求（如大學以上學歷、本科系或相關科系畢業）；相關

表5-1　工作規範內容

學者	年代	工作規範的內容
Ghorpade	1988	認為工作規範應該包括： 1.資質（aptitude）與能力，資質是指做或學習某事的潛能。 2.人格（personality）與相關之性格（related characteristic）。
Singer	1990	認為工作規範是用來甄選員工時重要的參考依據，其中應包含： 1.所受的教育、訓練、工作經驗等。 2.工作體能要求及心理各方面的要求、工作狀況與其他人格特質等，決定在職者工作表現成功與失敗的要素。
黃英忠	2002	工作規範的內容包括： 1.工作鑑別。 2.技能需要，包括經驗、教育、智力運用和工作知識。 3.工作所需之責任，包括對機器、工具、設備、產品、物料、與他人工作及對他人安全之責任。 4.所需之能力，包括體力、智力和判斷力等之要求。 5.工作環境，包括工作職場四周之環境、工作危險性及工作傷害等。

工作經驗（如須從事飯店管理工作達三年以上）、個人品格（如無前科）與行為態度等。總而言之，就是要勝任公司這項工作所應具備的條件。

第二節　工作規範之用途

　　工作規範主要是關注能完成此項工作內容所需工作人員的特質，因此，工作規範對於人員招聘、甄選、調動與升遷，以及對員工進行績效管理上，皆具有重大的作用及功能。Ghorpade（1988）認為工作規範可作為人力資源規劃、招募與甄選、公平僱用的機會、制定報酬的參考、績效評估與訓練發展的用途；其功能如圖5-1所示。

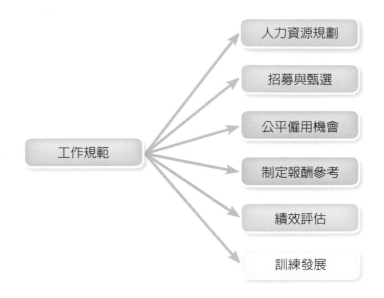

圖5-1　Ghorpade工作規範的用途

Ghorpade的工作規範圖認為工作規範的用途在：

1.人力資源規劃方面：工作規範可以提供對勞動力的KSAO的要求，
目的在於計算人力資源技能存量。
2.招募與甄選方面：KSAO可以提供甄選與正當測試所需要的資訊。
3.僱用機會方面：工作機會平等。
4.薪資方面：工作規範可以提供與工作有關的各種要素作為薪資的參
考。
5.工作評價方面：KSAO可以提供監督者基本輔導員工的績效評價。
6.訓練發展方面：訓練需要建立在工作規範上，並做有系統的規劃。

🎩 第三節　旅館管家之工作規範

　　旅館針對重要的顧客會特別謹慎，以避免有任何疏失、負面口碑或名聲產生，針對專業管家的精緻服務上，其工作規範自然會因其重要性及客製化而更為嚴苛，擔任此項任務的工作人員，因為身負旅館的聲譽及利潤，故管家的基本工作規範須考量從事人員之語文能力、基本服裝儀容、基本禮儀、專業知識及技能。

一、語文能力

　　目前台灣旅館的管家需求都以星級國際觀光旅館為主，因此國際語文能力是最基本的要求，像是計程車司機的先決條件一定要有職業駕照，反觀旅館管家的先決條件則為「語文能力」；因為全球的通用國際語言以「英文」為主，台灣當然也不例外，所以基本的國際語言就是英文；若是會其他國家的語言（例如日語、法語、德語）則是另一項加分。

　　一般而言，雙方溝通若是透過第三者就容易產生誤解，旅館的管家若在提供服務時，皆要依賴翻譯者的溝通才能將其服務完成，則容易產生誤解且讓賓客產生對管家不專業的觀點，同時旅館需要兩個人力完成管家任務，更是一件高成本的事情，將一對一的服務改變成二對一的服務所需的成本就是雙倍，因此會在考量成本及專業度的情況下，直接將翻譯者同時訓練成管家的功用，如此一來就省掉不少的成本及避免不專業與誤解的問題產生，所以旅館管家的英文能力就成為基本工作規範要求的首項。

　　除了國際的語言外，旅館管家在說話的內容上也須謹慎，在用語上須留意細節，僅以「文明」的用語和客人對答，並且是要用正確的語氣和適度的聲調，讓客人清楚知道所要表達的內容，同時感受到管家的服務熱忱。

案例分享5-1　　服務語言

　　基本上根據國情的不同，在語言的表達上會有所差異，例如：台灣所說的「早安」，在大陸則說「早上好」；台灣所說的「柳橙汁」、「搭計程車」，香港人則稱之為「橙汁」、「打的」等。

　　而現今在國際的通用語言（英文）上，針對服務時的用語有不同的表達用詞，在飯店管家的用詞上要求就更為嚴謹，故列出以下應使用及禁止使用的言詞。

一、應該使用

1. May I/ Would you like me to…?

   我可以／您需要我為您……

   例如：

   (1)May I make order for you?

   　　我可以替您點餐嗎？

   (2)May I freshen your glass?

   　　我可以為您將杯子斟滿嗎？

2. Certainly, sir./ Absolutely, sir./ Very well, sir.

   當然，先生。／絕對是，先生。／非常好，先生。

3. Good morning, Mr. C.

   早安，C先生。

4. Mr. Jeff, May I like to introduce Mr. Bruce, our general manager.

   Jeff先生，是否可以為您介紹我們的總經理Bruce先生。

二、禁止使用

1. can　　　　　　能？
2. O.K.　　　　　　好！
3. more　　　　　　多一個、多一杯？
4. another　　　　　另一個？
5. Are you sure?　　你確定嗎？
6. Yeah...　　　　　是的。

二、基本服裝儀容

　　心理學家亞伯特‧馬布蘭（Albert Mehrabian）提出「55、38、7形象定律」，意指正確的呈現，才會使第一印象更好；其中55%為非語言部分，包含肢體動作、外貌表現，38%則為語氣，包含說話的聲調、音量與速度，而7%為言語，則為說話的內容。因此為了使賓客留下美好的第一眼印象，旅館管家在第一次接觸賓客時，其服裝儀容需表現出整齊、清潔及專業，以利建構賓客對管家的良好認知與評價。因此身為旅館中的管家，基本的服裝儀容是被嚴格要求的，且比旅館中的一般員工要求更為嚴苛，其主要因素是基本的服裝儀容代表著管家的專業形象，所以必須是無時無刻都呈現專業的表現，故在服裝儀容上需隨時留意其清潔、整齊及良好儀態，一般旅館管家會多備一套制服，以備不時之需，同時隨時留意妝容是否合宜。

(一)基本服裝

　　英式管家在旅館中服務的同時，就是屬於工作的時間，因此必須穿

著公司規定之服裝及搭配適合的鞋子與襪子。

◆制服

　　不管是在任何的時間，管家皆須穿著公司規定之服裝整齊的出現在客人面前；一般男生的英式管家所穿著的即是一般的西裝，目前台灣的男士西裝以深色為主，裡頭搭配白襯衫，建議男生管家在白襯衫內應搭配白色內衣或白色T恤，而女生管家的服裝則為女性套裝，可以是裙子，也可以是褲子（不過一般建議是褲裝，以方便管家任務期間的服務及行動），至於是裙子或褲子則取決於所服務的旅館規定；一般而言，在管家的服裝上皆按照公司規定，絕對沒有自我性格表徵的服裝呈現，特別要留意的是清潔度及忙碌中的整齊度。

◆鞋子

　　旅館中英式管家所穿著的鞋子，通常男生以黑色皮鞋為主（建議以國際禮儀上認同的綁鞋帶黑皮鞋為宜，一般稱之為「牛津鞋」），而女生管家的鞋子則為黑色包鞋為主流，因為黑色是百搭顏色且較為盛重，因此一般的旅館會採用深色或黑色為制服的顏色，所以在鞋子顏色的選澤上則採用較易搭配且不失禮儀的黑色為主；不過管家所穿著的鞋子應該搭配旅館制服顏色而調整，並不是千篇一律為黑色，例如全白色系的西裝則可能搭配白色皮鞋較合適，不過目前台灣現行的旅館中絕大部分都是以黑色皮鞋為其主流。

英式管家穿著之皮鞋通常以黑色為主

◆襪子

　　男生管家在襪子的搭配上則是以同色系為主，例如：白鞋搭配白襪、黑鞋搭配黑襪，目前台灣旅館從業人員以深色皮鞋為主，故以黑色搭配，切忌不要搭配「白色」襪子，會顯得十分突兀，並且不符合國際禮儀上之搭配原則；因為女生管家的鞋子以黑色為主，而絲襪顏色的選擇以旅館制服及皮鞋顏色而調整，所以目前台灣旅館以膚色或黑色絲襪為主。不管男女管家之服裝為何，襪子是一定要穿著的。

◆白手套

　　國際上的男女管家皆會穿戴白手套避免指紋的遺留，同時顯示其專業，但現今台灣旅館的管家因其服務之便利性及報紙油墨之穩定性，於工作執勤中已經較少佩戴了；但基於衛生及專業概念，仍是建議適度穿戴白手套，特別是進行餐飲服務時，就更必須穿戴白手套了。

男女管家穿戴白手套，顯示其專業

管家的傳統

　　一般而言，我們對傳統管家的儀容印象不外乎是「燕尾服」、「白手套」及「會發亮的皮鞋」，這些傳統的刻板印象皆來自於管家的整齊、清潔；但時代的變遷，管家不再受限於傳統的要求，像是燕尾服被其他正式的西裝取代，因為現在人對西裝的接受度已經開始鬆綁，加上流行時尚推動了男士西裝的大躍進，不再是傳統的燕尾服服飾；而穿戴白手套也是隨著時代變遷而逐漸減少，特別是旅館中的管家，在燕尾服及白手套的服裝要求上，已經不再像過去英國時代或現今的歐洲古堡一樣嚴苛了。

　　而管家在「燙報紙」的服務上更是明顯大幅減少，主要的原因是因為技術的進步，燙報紙這項傳統工作緣起於以前報紙的油墨容易沾到看報者的手，因此藉由用熨斗燙報紙的動作將油墨穩定，而英式管家在燙報紙的同時，須整理並閱讀報紙議題及內容，以便跟主人或賓客報告；現在旅館管家受益於科技的進步，因此手沾上油墨的狀況不易再發生，而管家仍需將今天報紙的主題整理並詳覽過，特別是跟賓客相關的議題及報導，並將其相關版面調整到報紙的最前頁，置於賓客之書桌上，以利賓客閱讀。

(二)基本儀容

　　基本儀容包含了英式管家的儀態與容貌外型呈現，所以管家的頭髮、指甲、首飾、儀態、氣味、抽菸及女生管家的化妝都有其基本的要求。

◆頭髮

　　一般男生以短髮為主，不適宜留長髮，而女生若為長髮，則需要全部盤起來（一般稱為「包頭」）。男女管家的頭髮顏色以自然髮色為原

則，避免染成突兀的顏色而損及專業形象，至於瀏海的部分，以不蓋過眉毛爲原則，盡可能不要蓋住額頭，讓其視覺呈現較爲清爽，亦更能顯現其專業度。爲避免頭髮之毛躁，可使用適量髮膠或髮雕梳理整齊，女生管家可藉助髮夾之使用。而男生管家需要特別留意鬍渣的清潔度，應該天天刮鬍子以確保不過長，留鬍子的管家是不被允許的。

◆指甲

旅館英式管家有餐廳服務生之功能，因此對於指甲清潔的要求極爲重視，一般要求指甲不宜過長，以免藏汙納垢，而女生管家應避免顏色鮮明的指甲油，而現在流行的法式指甲、水晶指甲則是完全禁止；所有的指甲要求都應該以「衛生」爲其首要考量。

◆首飾

身爲旅館的管家，在首飾的配戴上應該以不妨礙工作及衛生考量爲前提，同時不影響賓客的觀感，因此不分男女都須謹守此原則，例如：女性管家配戴著時下流行bling bling的錘鍊型耳環，使得賓客會一眼先注意到管家的耳環，而不是管家的親切笑容或專業服務，同時她所服務的餐點也會使賓客疑慮是否會有耳環上的裝飾不愼落入，因此女性管家若要配戴耳環，應以貼耳款式爲宜；同理在手錶、戒指、項鍊等首飾上，儘量以低調單純爲原則，在佩戴耳環及戒指的數量上以一個爲主（歐洲國家的管家並不接受耳環的穿戴，僅接受配戴結婚戒指），其實一般建議管家除非必要（如手錶，因爲時間對管家而言是相當重要的），不然儘量不要配戴任何飾品，畢竟管家的呈現應該是專業形象的表現，而不是美麗、帥氣的呈現。

男生管家以短髮為主，瀏海以不蓋過眉毛為原則

男生管家頭髮鬢角不可過長，髮色以自然為原則，造型宜清爽

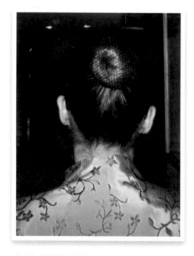

女生若為長髮，則需要全部盤起來（一般稱為「包頭」）

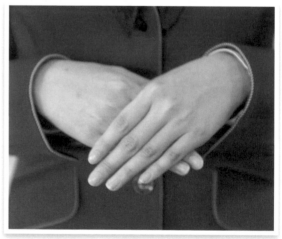

管家的指甲不宜過長，以免藏汙納垢，「衛生」為首要考量

案例分享5-3

日系旅館管家之要求

《究極之宿：加賀屋的百年感動》一書中闡述日本加賀屋女將文化之精髓，加賀屋將女將文化發揮至巔峰且備受尊崇，除了我們所知道的細緻服務外，加賀屋內的女將皆須具備：

一、全能「身分」的服務

在加賀屋的管家服務，是由幕後英雌組成。她們在接受了嚴屬的傳承指導訓練之後，仍需經過迷你女將（資深管家）的隨時考核及協助，通常要達到獨當一面的管家服務，勢必得超過一年之後。而在她們獨立服務客人的同時，不僅須謹記公司的指導原則，更是要靈活調整自己所扮演的角色。在客人疲累時，如同慈母一般提供家的溫暖。在客人失意時，如同朋友一般提供訴說的臂彎。在客人歡樂時，提供如鄰家女孩的陪伴之意。只是什麼時候該有什麼合宜的角色，取決於管家的細心觀察及大膽判斷。當然這些管家都有著經驗累積的加持。

二、一人一藝

加賀屋的管家除了平時的專業訓練外，更是提出一人一項專業技能的訴求。遇到喜歡插花的客人，有懂花道的管家服務，不僅能投其所好增加話題，更能共同親身體驗。遇到喜歡唱歌的客人，有鑽研音樂的管家，能陪同高歌同樂。遇到喜歡藝術的客人，有浸沐藝術文化的管家，談論之餘，也能安排相關活動。每個管家的專藝，是在調查每個人的意願及興趣之後，調整出空閒的時間，自組專藝社團，繳費聘請老師指導。公司雖有補助，但大部分仍是每個人出於自己的意願及費用，因此學習意願及效率，皆比一般其他公司制式化訓練更優良。

三、阿Q精神

　　面對形形色色的顧客，自然有花樣百出的不同需求。對加賀屋的管家而言，抱持著憨傻的阿Q精神，不問對錯及不作負面揣測，就是一昧的去做，以達到客人的要求為目的。如同孔子所提的「色難」，雖是完成客人所需，但卻面有難色及不悅，都是扣分的行為。每個管家謹記唯有站在客人立場的熱誠款待，才能跳脫損益及自我的思維。

　　同時針對日本加賀屋溫泉旅館管家的相關報導中，指出旅館內之管家都必須穿著和服制服工作，髮型雖無強制規定，但瀏海不能蓋住眉毛，儘量露出額頭，長髮得盤起不可綁馬尾，短髮必須工整不能毛躁，在外表上務求整潔清爽，給客人好印象。

　　工作時不准帶手機、不能戴戒指（婚戒除外）或耳環等裝飾品，但有幾樣東西可得隨身攜帶：

　　首先是名牌，這張名牌也是員工證，用來打上下班卡、在員工餐廳用餐扣款。上面的名字並非本名，而是日本稱為「源氏名」的花名，入社時從公司提供的名字當中，自行挑選喜歡的名字作為值勤時的別名。

　　其次是呼叫器，每個別名搭配一個專屬呼叫器，這是館內聯絡用，為了不讓呼叫聲打擾遊客，多用震動式，一有震動，得在不影響當下的服務工作中，巧妙找間隙抽身聯絡總機。

　　第三樣是開瓶器，旅館是大家放鬆同樂處，宴會時豈能少酒助興？隨身帶開瓶器才能馬上為客人斟酒。

　　再來是和紙做的紙箋和原子筆，前者功用很多，可作為放和果子的容器、便條紙、濺溼衣服等緊急時的紙抹布等。

◆儀態

英式管家為表現其專業，其儀態需要從容不迫，於服務期間不疾不徐，不做任何奔跑及慌張的舉止，和客人的應對進退以「尊重」為原則，不能因為客人做出不合乎常理的言行舉止而表現出詫異，例如：客人堅持用筷子吃牛排或使用醬油作為牛排的沾醬等，畢竟很多行為及要求的產生是牽涉個人主義的觀感。更不能因為不合宜的要求或問題而顯示出不悅，甚至糾正客人；面對客人的要求應盡全力達成，即使心裡知道有困難，仍不應該表現出慌張及緊張，而使客人產生不信任感。

◆微笑

對服務業而言，微笑是入門的不二法門，對於旅館管家而言，也是一樣的重要，保持微笑能使賓客感受到你的真誠及歡迎，但前提是發自內心的笑容，而不是臉部肌肉的運動，這反而會使客人產生負面的感受。

◆肢體語言

很多時候即使不說話，對方仍是會察覺你的反應，最主要的原因是肢體語言的呈現。一般而言，旅館管家的姿態是很重要的，他的雙手應置於身體前，表示隨時做好準

保持微笑能使賓客感受到你的真誠

備為客人服務，同時站立時應該呈現筆直的狀況，不該彎腰駝背，更不應該是站姿隨便而產生輕蔑、不耐煩或不重視之觀感，而讓客人感受到不舒服或不受尊重。

雙手應置於身體前，表示已做好為客人服
務之準備

筆直站立，讓客人感受到專業性

◆眼神交流

　　適度的眼神交流（eye contact）會使客人感受到管家的重視及專心，很多人不喜歡直視對方的眼睛，但在西方國家這是溝通時的基本要素及禮貌；眼神的交流能顯示出旅館管家的自信及真誠，但在不同的文化下，眼神交流對一些國家是不被允許的，因此仍是要依據服務對象的國情做適度的調整，以免產生誤解及不禮貌。

◆氣味

　　香水是旅館管家在氣味呈現上的基本要求，主要是為了使客人的嗅覺能感受得到，因為不同的人種有不同的體味，加上管家常是近距離服務賓客，基於禮貌適宜地使用香水是被接受且要求的，同時管家在時間允許下若有機會沖澡及更換制服，為了清新氣味的維持則需要去做，而襪子的更換頻率也需要較為頻繁，以免有異味產生，特別是台灣較為濕熱的天氣，管家在忙碌時容易流汗，所以適度的使用香水及勤換衣服和襪子是應該的，

一般建議香水及刮鬍膏的氣味不應該過於濃烈，而使賓客產生刺鼻感，特別是在服務餐飲時，更應該避免濃烈的氣味而掩蓋過餐點的美味香氣。

案例分享5-4

管家的應對進退

對旅館的管家而言，從容不迫的態度是基本應該具備的，即使在服務的當下面臨一些可能是棘手或是無法處理的問題，仍是要維持其該有的專業態度，不能因此驚慌失措而影響客人，導致客人產生不信任感而不安，進而擔心管家及飯店無法處理他的問題，因此對管家及飯店的專業程度大打折扣。

在某次管家任務中，當筆者送賓客離開總統套房後，門內的正上方天花板開始入漏水，其水量像條小瀑布，當時我在門外發覺有異，但仍是先將賓客送至電梯內，當他們一群人離開後，我拔腿飛奔回總統套房，發現了這可怕的景象，當下找了旅館的工程單位前來修復，同時向上呈報總經理，因為賓客的外出時間大約二至三個小時，也就是說我們只有二至三個小時可以解決這棘手的問題，因為一般房間出問題，客人可以換到其他房間，但飯店只有一間總統套房，能請他換到哪一間合適的房間，同時該跟客人如何解釋？在如此的時間壓力下，工程人員趕工維修，而我將客人放在房間門口附近的多雙鞋子先記下擺放位置，再移動到其他地方，以免因為漏水而濺濕這些鞋子，幸運的是在大家的努力下，終於在事發後的一個多小時修復，再請房務部清潔人員協助清理善後，最後再將移動過的鞋子歸回原位，在賓客回到房間內後，完全察覺不出有異，而我的儀態表現更要是完全看不出有任何慌張、驚恐，不然之前大家的努力就白費了，在迎接賓客入門後，我的心情沒有任何擔心害怕那是不可能的，但我仍要呈現出該有的水準，努力將心中的恐懼壓下，維持一貫該有的從容不迫。

◆抽菸

　　管家在工作中是「絕對」不能抽菸的，特別是對不抽菸的客人而言，在面對抽完菸的管家時，仍會聞到令其不舒服的味道，因此最好的方式就是不在管家服務期間抽菸，若是真的需要抽菸，則要確保消除不好聞的味道，一般建議使用口氣清香劑消除其異味，以確保不影響客人觀感。在有些國家，對於工作中抽菸的管家一律是以「革職」處理。

◆化妝

　　為了使貴賓的第一印象是良好的，因此對管家的外表極為要求，而化妝是針對女生管家為主，合宜的化妝不僅是基本禮儀，更是形象的表徵，進而對第一印象是加分動作，不管是在任何時間，都需要維持基本的彩妝，特別是「口紅」的部分，合適的口紅顏色會使女生管家在視覺上較為舒服且有精神。一般要求女生管家需有基本眼妝，而眼影的部分以搭配制服色系為主；再者是腮紅及口紅，其色系以紅色系為主，讓整體彩妝看起來是完整且充滿精神。一般的旅館為突顯其高貴且溫馨之氛圍，通常採用黃燈，一般的彩妝在黃光下相較在白光底下是略顯顏色偏淡，因此建議加重彩妝的顏色，但仍需注意是否過重，小心拿捏其顏色的合適度。

三、基本禮儀

　　旅館中的客人來自世界各地，而英式管家也可能會接待來自於世界各國的貴賓，對於各國現有的禮儀皆有不同，旅館中的管家如何在不同禮儀規範中服侍客人即為一種考驗，通常以國際上大家都能接受的「國際禮儀」為原則，例如握手的禮貌、餐飲的服務流程、主客位的安排、乘車禮儀等；其中另一項重要注意事項即是不要觸犯客人當國的禁忌，例如大部分的亞洲國家（台灣、大陸等）忌諱數字「4」，而歐美國家則較忌諱「13」；相同的，台灣、日本等亞洲國家不送菊花，而歐美國家就沒有此忌諱。因此，身為旅館中的專業管家必須在貴賓入住前即充分瞭解此客人

旅館中的客人來自世界各地，須小心謹慎以免觸犯賓客國家之禁忌

國家的忌諱，避免觸犯；同時必須適時提醒所服務的貴賓需注意當地的忌
諱，以免因不知情而造成尷尬不禮貌。

案例分享5-5

說話禮儀及傾聽的技巧

「禮儀」代表彬彬有禮、客氣並且帶有溫文儒雅的動作舉止；適宜
的禮貌及禮儀意識可為生活或交際場合帶來正面的互動及影響。而說話也
是一種禮儀，更是一種藝術的展現，要適時適地的說些什麼，同時避免說
些什麼議題，一般在服務產業因為跟顧客的互動居多，因此說話的禮儀須
注意以下幾點：

1.如何開啟說話時的話題。

2.尋找共同的嗜好。

3.應對技巧。

4.談話時的立場要客觀。

5.勿跨越彼此的界線。

6.避免尷尬的話題，尤其是政治、性、年齡、收入等。

7.不要不懂裝懂。

8.專心於談話中，不該一邊說話一邊東張西望。

9.交際策略及判斷力，特別是對方有明顯不耐煩及厭倦時，應適時停止話題，避免造成顧客之厭惡。

10.如何禮貌地結束對話。

而「傾聽」是溝通時不可或缺的要素之一，與「聽」有不同的意涵。「傾聽」是努力並專心聆聽說話者的言談，嘗試去理解對方話中的意思，這是需要注意力，並且將對方所談的內容加以吸收、詮釋；至於

可適當運用肢體動作來回應對方的問題

「聽」則只是聽到聲音，並沒有放在心上，更沒有去思考及吸收。關於傾聽的技巧須注意：

1.站在別人的立場為對方想一想。
2.適當的重述或解釋，並且表現出專注與興趣。
3.對方說話時，應停止說話，全神貫注。
4.回應對方適當的問題。
5.用心聆聽。
6.運用肢體動作來回應對方，如點頭、眼神交流。
7.適當的眼神與非語言的方式顯示出自己正在聆聽。
8.嘗試鼓勵說話者談論更詳盡的內容。

案例分享5-6

不同國家之禮儀

在筆者的旅館管家生涯中，曾經接待過台灣邦交國的元首及夫人，其人民稱之為國王及王妃。他們的國家並不富裕，且人民教育普遍不高，當我在總統套房廚房內等待國王及王妃坐定後，準備奉上迎賓茶時，發現該國的所有隨行人員都是跪著且低著頭，詢問我國外交部後才知道他們國家對國王的規矩是必須跪著，但一般通用的國際禮儀並不通行此項禮儀，因此我與外交部及該國的官員溝通後，允許我是用「站著」服務國王及王妃，而該次的管家任務仍是圓滿完成，並不因為站著或跪著服務而讓該國國王不滿意。此例足以證明雖然他們國家的禮儀較不同於一般其他國家，但他們並不會強力要求我遵照他們的禮儀方式服務，因為他們也知道一般國際上的禮儀，所以僅要求我按照國際禮儀的標準服務。

四、專業知識及技能

(一)專業知識

　　旅館中的英式管家須具備專業知識，以提供詳細且正確的訊息給客人，所以專業知識是被嚴格要求的，關於專業知識分述如下：

◆館內知識

　　包括旅館內所有的相關知識與訊息，例如飯店內的各樓層、餐廳、電梯（內部及客用電梯）、宴會廳、健身房、公用廁所、逃生路線、商店、沙龍、SPA、旅館地理位置、客房型態及樓層位置、旅館內的特色

健身房、逃生路線等館內知識都是管家須具備的相關旅館知識

等，這些都是管家須具備的相關旅館知識，因為被賓客問到的頻率是相當高的。其中在旅館中的逃生路線特別重要，因為攸關客人之安危，因此被要求要徹底瞭解，並且需實際走過及演練過，避免紙上談兵，而造成無法挽救之傷害。

◆館外知識

　　旅館所處的外在環境，例如旅館外的特色餐廳、購物景點、觀光景點、展覽、同業訊息、交通所需時間、伴手禮與紀念品等，特別是跟旅館所處的城市相關的知識，常被客人問及，此為人之常情，一般旅客到達一個新環境或城市，常會帶回紀念品作為回憶，同時體驗當地著名景點或是品嚐特別且出色的菜餚等。像台灣知名的伴手禮就是茶葉、鳳梨酥等，著名的觀光景點像是夜市、台北101、故宮等，而特別的菜餚即是台灣菜或小吃，這些常是客人詢問度頗高的相關旅館外部的問題。

◆國際知識

　　旅館管家的服務對象以國際旅客較多，因此和服務賓客相關的國際知識是必備的，其中較須瞭解的一些國際知識，例如匯率、國碼、時差、國際交通、國際語言、國際事件、國家地理位置等。其中在語言上，台灣的市場仍是以英語為主，若是精通其他國家的語言則為服務的優質加分；而在國際的交通訊息上，很多的貴賓因為其身分之特殊，會搭乘自己的私人飛機，因此在起飛及降落的時間上較一般航空公司不固定，所以身為專業的英式管家，在私人飛機的相關資訊上也需要做足功課，例如：私人飛機起落規定、國內航空公司領航規定等，同時更要密切地與賓客的主要聯絡人取得聯繫，隨時更新所有的相關訊息。

案例分享5-1　「Luxury」品牌的認識

　　因為管家所服侍的主人或貴賓大多是身分顯要、家庭富裕，才會有管家的需求且經濟負擔得起，管家所服務的對象本身就是奢華的代表，當然環繞於他們身邊的人、事、物也都有其相等的程度，因此管家本身就應該擁有相當豐富的頂級奢華產品的相關知識，以滿足服務對象的預期及需要，同時也必須學會辨識些奢華品的能力。然而現今的奢華品開始走向低調的風格，不再像過去將其顯而易見的Logo直接展示出來，因此管家需要透過高度細微的觀察去辨別，以確保所服務的對象對管家該有的預期專業服務（例如：賓客所拿的手提包，雖說沒有明顯的Logo，但管家藉由視覺觀察到外型的設計，以及在接手後的觸覺的感受去判定，若是價值不菲的手拿包，相信其主人希望得到管家細心的對待及收藏）。

　　現在全球的奢華品不計其數，作者無法一一詳盡列出，僅列出較常看到的品牌作簡短的介紹：

◎Chanel

　　香奈兒是每個女人都夢想在自己衣櫥中能有的套裝品牌，在1920年代香奈兒公司已是全球流行趨勢的領導者，其中以No.5的香水成為全球的炫風，至今仍是全球最受歡迎的香水之一，現在的香奈兒產品走向多元化，其中包括了包包、手錶等。

◎Christofle

　　克里斯托佛起源於法國，以生產銀製餐具而聞名，同時也是法國官邸的御用餐具，成立於1830年代，拿破崙三世的豪華餐桌及法國歌劇院外型皆由克里斯托佛建立而成，其餐具的材質以純銀及18K金為主；其餐具在使用時因為純銀的特質使得沒有金屬味道的產生，且質感細膩，因此為奢華餐具的代表。

◎ Dior

迪奧是法國的奢華品牌代表之一，迪奧的成功並非偶然，回顧西元1947年時，迪奧公司在女性提倡自主及平等的風浪下，適時的提出新面貌，因此快速成長，現在的品牌下不僅提供時尚服裝，更有香水、化妝品等多元商品。

◎ Harrods

綠色及金色是哈洛德的代表色，倫敦的騎士橋（Knightsbridge）哈洛德百貨公司曾是全球最大的百貨公司，現在仍是英國境內最大的百貨公司。雖說世界各地有占地面積更大的百貨公司開始林立，但哈洛德百貨公司仍是世界知名的奢華百貨公司代表之一。特別的是哈洛德百貨公司裡的購物者皆有服裝限制，即使有人認為這不公平，但哈洛德百貨公司希望藉由這些入內的消費者呈現百貨公司的高貴奢華。

◎ Hermes

愛馬仕起源於法國，以馬具產品起家，接著以手工製作的絲巾著名於世，現今集團更有珠寶、手錶、時裝、香水等多元的產品，其中以生產「皮革」的產品為主軸，其中又以Kelly包及Birkin包最為有名；Kelly包（凱莉包）因摩洛哥王妃的佩帶而聲名大噪，愛馬仕在取得王妃同意後，以此命名，在皮包內側會標示製造的工匠代碼，以後要送修、保養，就由同一個匠師來服務，並且會幫顧客縫上個人英文名字；Birkin包（柏金包）則因為某次愛馬仕總裁杜邁在飛機上巧遇英倫出生但走紅法國的女歌手珍柏金Jane Birkin，她跟杜邁表示希望能有一個方便她放嬰兒尿片及奶粉的袋子，以便利她帶著女兒外出，這個願望後來促成了柏金包的誕生。柏金包有軟硬兩種形式，並有三種尺寸選擇，兼具優雅與實用性。此外由於容量大、易放置文件，許多追求品味的職場女性亦把柏金包當作公事包使用。

◎Limoges

　　利蒙居是法國生產瓷器餐具的最大公司，成立於西元1883年，歷今已有一百多年的歷史，利蒙居最大的特色是能根據個人的不同需求而製作客製化的瓷器餐具。

◎Louis Vuitton Muleteer

　　通常稱之為Louis Vuitton或LV，成立於西元1854年，以其組合圖案而聞名全球，其產品從旅行用的大箱子（LV是因為發現鐵達尼號沉船後，被打撈起LV行李箱完好無缺，並且行李箱內的東西也保存良好而聞名），到時裝、鞋子、珠寶、太陽眼鏡等都有涉獵，現在大多分布於頂級的商圈或百貨公司內。

◎Wedgwood

　　Wedgwood是英國國寶級的品牌，有「陶瓷之父」之稱，成立於西元1759年，傳統以藍色與白色為其代表色系，早期著名的設計有所謂的「皇后的用品」（Queen's wear）之稱，主要是因為受到當時皇后（Queen Charlotte）的資助，這種作品的主要特色為整件瓷器皆為乳白色，渾圓玉潤，受到相當大的歡迎。此外更有膾炙人口的設計「碧玉」（Jasper），其特色主要仿製貝殼浮雕作品（Cameo），結合希臘神話人物，在瓷器上另外貼上乳白色的陶土，不上釉再燒製而成，形成深藍色的瓷器襯托乳白色浮雕的美麗設計，因為此做法多了一道貼製手續，因此失敗的機率也較高，但相對越形珍貴，此項陶瓷設計與技術仍一直沿用到今日。現今以餐桌上的花瓶、骨瓷著名。

　　當然國際上仍有諸多精品的品牌，例如以鑽石聞名的Tiffany，以精品鋼筆、皮件聞名的Mont Blanc，以時裝品牌與皮件著稱的Gucci等國際品牌，皆需由個人自我累積相關的知識。

案例分享5-8

代表性的台灣菜

　　一般人出國必定會去品嚐當地之料理，例如到日本必會享用日本料理或拉麵，到泰國想到的是酸辣的泰國菜，香港即是港式茶樓及茶點，義大利的義大利料理及義大利麵；而台灣想當然耳就是「台灣菜」，但是現在台灣專門料理台菜的餐廳並不多，且無法將其發揚光大，大家想得到的知名餐廳幾乎都不是專業的台菜料理，而是中國料理，想得到的卻又搬不上檯面，例如熱炒、夜市等型態的多種小吃，這些如何推薦給客人，因為在營業餐廳外觀上就不被國際客人接受，更別說是作為正式場合的餐廳了。

　　筆者曾經服務過一位瑞士的客人，他需要我提供台北著名且美味的餐廳資訊，我每天的建議都被他用餐完的隔天否定掉，他認為那都是別的國家著名菜餚在台灣的烹飪，並不是道地的台灣料理，最後他問了我一句「Eva，你每天都到哪吃飯？」，這句話讓我有所省思，為什麼台灣缺乏如此的餐廳？台灣的小吃是享譽國際的，為何很多餐廳都無法搬上檯面？

　　最近這幾年，台灣舉辦了多次的「牛肉麵」節，將原本我們熟悉的那一股味道透過比賽的呈現，而引起熱烈的迴響，同時這些經營的業者開始將其營業場所做一翻修飾，讓前來用餐的客人感到舒適，漸漸的吸引了國際的客人，這就是一個成功的示範，期許這股風潮能繼續持續下去，同時拋磚引玉帶來更多的台灣料理同業仿效，將台灣料理推向國際的舞台，使其發光發熱。

(二)專業技能

　　專業知識是屬於無形的層面，而專業技能則是有形的表現，旅館需透過英式管家來顯現旅館之專業及高貴，而專業技能含括了下述各項技能：

◆餐飲服務技能

　　一般的貴賓不分住宿時間長短，幾乎都會在旅館內用餐，因此在餐飲的相關服務技能上實為非常重要，例如秀酒標、如何開酒、不同酒類的酒杯選擇及倒法、不同酒類的保存方式、中西式不同餐點的服務技能及搭配使用的餐具等；其中又以「早餐」的餐期及中式菜餚服務最為頻繁。

1. 酒類服務技能：用餐時搭配合適的酒類，對餐點而言是加分作用，因此在酒類的技能上仍需費一番功夫；一位專業的英式管家如同一位專業的調酒師（bartender），需隨身備有專屬的開罐器，以應客人之需求，而在開酒的技能上，需透過專業的訓練，才能選擇合宜的開瓶方式，像紅、白酒雖都是軟木塞，卻因為不同的保存溫度而使軟木塞軟硬不同，故在施力上也會不同，而不同酒廠採用的軟木塞長度也不同，這些相關訊息都需要透過專業的訓練及實際的演練獲得；如開香檳的技能上，需留意瓶內的氣體會使軟木塞爆衝，所以開香檳時，須用手指稍為固定軟木塞，以防香檳氣泡讓軟木塞爆

專業管家須懂得酒類相關知識與技能

衝而造成不專業及意外發生。

2. 飲料服務技能：在飲料的服務提供上，則是搭配食物適時提供，因此在服務的順序上也有不同，例如開水和餐具在一開始的餐桌設置上應立即提供，而咖啡和甜點則是用完主食後一起搭配提供，因此管家也需要瞭解服務順序。而飲料與杯子的認識，也是一門學問，才能提供正確的搭配；因為現在全球人口對咖啡的需求是很高的，因此對咖啡豆的認識、風味、不同咖啡飲品及所要搭配使用的咖啡杯都是必須要求的技能，例如Espresso Coffee的杯子和一般咖啡杯就有差異，而熱咖啡及冰咖啡的調配及杯子選擇上也不相同，所以專業的管家對此相關的技能是必須精通的。

3. 餐點服務技能：一般而言，旅館內備有廚師，因此管家不須親自下廚，相較之下私人家庭管家在廚藝上則可能涉略較多，但旅館中的管家仍需要將準備好的餐點服務給客人，所以英式管家在餐點服務技能上是必須具備的；特別在不同的餐點，應針對餐點特性安排先後順序，且提供不同的正確餐具供客人使用，故在餐桌擺設及餐

英式管家須具備餐點服務技能

具的使用上都是一大重點。所有旅館中提供的食物特性、外觀、口感及服務技巧上，英式管家都是需要知道的。良好的餐點服務技能不僅要能爲菜色上的建議及安排，亦需要特別留意賓客之用藥及飲食習慣。而不同國家的料理在服務的過程中，其服務技能也略爲不同，例如中式料理在服務的餐點上著重辛香料及米食類的提供，而西式料理則是著重Cheese及肉類；相關之服務技巧，建議參考餐飲服務之相關書籍，在此不再贅述。

案例分享5-9　今天又是「Steam rice」+「Pumpkin soup」！

　　在筆者一次的管家經驗中，曾經服務過台灣邦交國的國母（即國王的媽媽），她來台的住宿期間，三餐皆由隨行的御用廚師點菜，而我僅透過御用廚師做溝通及建議，點菜的動作仍是御廚處理，她的御廚每天都是點 "Steam rice"，加上其他幾道配菜及 "Pumpkin soup"，起初我並不以爲意，但在過了第三天後，發覺似乎有些怪異，因爲國母吃的份量越來越少，剩下的食物也越來越多，於是我跟御廚建議是否更改爲其他食物，但御廚仍是堅持一樣的做法，基於尊重的考量，我在當下並沒有繼續建議；到了第四天，剛好御廚放假外出，於是由我替國母安排三餐，幾經考量後，剔除國母原本不吃的食物，替她安排了道地的台灣炒飯，以及其他的菜色，而在湯的部分也更換成飯店的Daily soup，當天國母的食量又恢復至之前的程度，甚至吃得更多，在我送上餐後的熱茶時，她跟我說原來台灣不是只有 "Steam rice" 跟 "Pumpkin soup"！頓時我笑了笑，也應驗了我心裡的猜測，原來國母並不是鍾情於Steam rice和Pumpkin soup，只是她的隨行御廚天天點相同的餐點罷了！

◆接待技能

　　專業的旅館管家不僅提供餐飲的相關服務，更需要具備旅館櫃檯的功能，例如：check in、check out、escort等。一般旅館客人若有安排管家服務，通常都會在房間內完成check in跟check out的程序，因此管家須兼具櫃檯之入住、對帳及退房之技能。賓客第一次抵達旅館時由旅館從業人員接待（通常旅館總經理會親自迎接以示尊重），隨後迎接至賓客房門口，而此時管家已經是在門口迎接，除此之外，每一次賓客的進出，管家都需要於房門口前準備及迎賓，因此，引領的接待技巧是管家必備之重要技能之一。

專業的管家須具備接待引領的技能

案例分享5-10 　Escort基本順序及注意事項

　　旅館管家不僅需要引導貴賓進出，同時也需要接待貴賓之訪客，因此 "Escort" 的技能對管家而言是極為重要且經常需要提供的服務。Escort的基本順序為：

一、事前準備工作

　　1.瞭解相關訊息：旅館管家在Escort貴賓前的準備工作，其中包括抵達時間、接送車子、隨行人員及所需引導的正確位置等訊息。

　　2.相關事物的準備：在確定相關訊息後，管家須通知相關部門做其準備工作，包括迎賓花束、紅地毯、直達電梯等事宜。

二、Stand by

　　通常旅館管家需在貴賓來前於其準備位置等待迎接，一般會提前十五至三十分鐘做準備。

三、Greeting

　　在接到客人時，需先跟客人問候，並告知客人自己的身分，再進行引導的動作。而在引導貴賓的同時，旅館管家不僅要表現其專業性，更需注意一些相關事項，例如：

　　1.位置：旅館管家在引導時所站的位置建議以賓客之右前方，其距離約一個箭步（根據心理學之統計，人與人之間的安全距離約為一個箭步，也就是大約一公尺左右；人與人之間的距離太靠近會有壓迫感，而太遠則又太生疏，因此需要適度拿捏），在適度保持距離的同時，客人仍能聽到你所給予的建議及提醒。

　　2.手勢的使用：引導賓客時，需呈現管家該有之專業，一般建議五指併攏，朝向引導方向指示。

3.Eye contact：管家在引導行進間，應該留意地面通道及行進間的通暢度，也需要適度的和賓客有眼神上的交流，其用意為二，一是讓客人知道管家仍留意他的行進動作；二是注意賓客之行進速度，確保管家自己本身之速度是適宜的，不會過快或過慢。

4.行進速度：如上所述，專業的管家在引導客人行進間，應該配合客人之速度，而不是賓客跟隨管家之速度，賓客僅配合管家之行進方向。

5.禮儀：在行進間的禮儀上，特別要注意的是，當賓客與其他隨行人員或旅館其他工作人員是處於邊說邊走之狀態，管家不能從中打斷賓客之對話，僅以手勢告知其行進方向，同時適度調整管家本身所站立的位置，以不打擾客人說話為原則。

6.適度的問候及交談：在引導的過程中，管家應適度的問候客人，留意客人的談話意願，同時適度提醒賓客該留意及注意的事項，並於引導過程中告知賓客最終之目的地。

引導賓客時，引導手勢為五指併攏，然後朝向引導方向指示

◆房務技能

　　雖說旅館有專門的房務部門負責房間及衣物的清潔及整理，但第一手接觸到的人仍是旅館管家，因為客人對管家的信賴，管家具有確認及品質的保證，透過整理房間的過程中，留意客人的喜好及習慣，以利建構服務時的參考資料，例如：管家發現客人床頭櫃上有3瓶空的礦泉水，意味客人習慣於床上喝水，因此，可以於床頭櫃上多備幾瓶礦泉水，方便客人飲用。而管家需要具備的專業房務技能，包含：洗衣、檢查房間等相關房務技能，以確認其重點及辨識其問題，特別是貴賓所交待的衣物，不管是洗滌或整燙，皆須事先檢查衣物狀況、材質，並依照客人需求整理，以確保在不傷害或毀損前提下，完成衣物的洗滌或整燙。

◆其他專業技能

　　旅館中的管家會因為所接待貴賓之身分不同，而須具備不同的專業技能。例如：服務的對象為演藝人員，則須具備媒體之相關知識，同時具備相關流行動態；若是賓客為企業者，則須具備聯絡及規劃技能，但不管

管家須具備如洗衣、檢查房間等相關的房務技能

貴賓之身分有何差異，其中的一項「公關」技能是不可或缺的，尤其是入住賓客的客人，不管是媒體、企業人士或政府人員，管家皆會事先和賓客的客人互動，此時管家的公關技能可以協助維持現場氣氛並提升旅館之知名度及服務品質印象。

案例分享5-11 飯店私人管家不多嘴會看臉色　會多國語言有優勢

　　台北六福皇宮張玉明、西華飯店譚耀明、台北遠東國際大飯店莫國基都說，飯店私人管家除具備流利外語能力與服務熱忱，還要有二十四小時待命的決心、懂得觀察客人的眼神與行為，以及細膩貼心的個性。

◎需具備流利外語能力

　　服務過薩爾瓦多等數十個國家領袖的張玉明表示，私人管家需具備流利外語能力，有第二、三外語更好。譚耀明也說，因為他是印度出生的香港人，會說廣東話、中文與英文，所以每次港星周潤發來台住宿找私人管家時，總是指名他服務。而接待過湯姆克魯斯、皮爾斯布洛斯南等明星的莫國基說，擔任私人管家需要處理很多瑣事，因此除了基本語言能力之外，還必須對服務有熱忱與細膩用心。

◎男性私人管家占多數

　　台灣私人管家有分「專職輪班制」與「機動調整制」兩種。專職輪班制時間約為八小時，但有重要客人時，還是會以二十四小時待命為主；機動調整制是平時擔任原有職務，當有貴賓時，就化身為二十四小時待命的私人管家。譚耀明就以他自己來說，平常他是客房餐飲部副理，有重要客人時，就成了負責接待貴客的私人管家，這就表示要比客人早起和晚睡，而且必須隨時穿上正式衣服，畢竟如果客人突然需要服務，總不能說

「對不起，我需要半小時的梳洗時間」。此外，譚耀明表示，因為許多來台的重要商務人士以男性居多，加上二十四小時待命的精神體力消耗，所以女性私人管家較少，但他也說其實女性細膩貼心的特質，更會讓人產生信任與肯定。

　　有餐旅學經歷或空服員資歷較吃香，但若無相關背景，面試衡量重點在於是否有學習熱忱與流利外語能力。此外，個性開朗，心思細膩，在面對客戶時更能有融洽互動。

——台北君悦大飯店客房處總監　張弘杰

◎沒有額外的加班費

　　莫國基笑說：「雖然私人管家是二十四小時待命，但是並沒有加班費，做幾天就休幾天，但我們所得到的是一般人沒有的榮譽感。」一般人很難可以這麼近距離接觸像湯姆克魯斯、皮爾斯布洛斯南、周潤發等名人，或是其他友邦的領袖與重要使節，這是很特別的人生經驗，但他強調，很多年輕人都會覺得可以貼身服務名人是一件很棒的事，但其實服務這些名人都不允許出錯，因此他建議年輕人平時多用點心，例如熟記每一個客人的喜好，並且在經驗與錯誤中，不斷學習與摸索，來提高觀察與服務的敏銳度。

　　目前飯店私人管家並沒有相關證照，但由於所接觸的工作層面較廣，包含餐飲與客房兩大主軸，除了可以升遷為私人管家組長之外，也可以轉調餐飲部主管或是客房部。如果是專職輪班制，每月薪水大約三萬多元，若是機動調整制，則是依照現在職務的薪水，小費則可以自己收下來。

——台北君悦大飯店客房處總監　張弘杰

◎要熟悉飯店內流程

　　張玉明表示，飯店私人管家多是由表現良好的旅館內部房務人員，經由主管推薦而轉任，他強調，飯店服務經驗相當重要，因為客人只對私人管家這個單一窗口，而私人管家必須瞭解飯店所有流程，知道哪些問題要找誰，才能快速滿足客人的需求。例如當客人想用餐時，私人管家就要瞭解飯店詳細的菜單，因此通常需要至少三到四年以上的飯店歷練，再加上私人管家所服務的對象不是總裁、外交重要使節，就是偶像明星，因此每一個環節都必須非常注意才行。

◎盡全力滿足客人需求

　　要做一個讓客人滿意的私人管家，事前準備相當重要，在每次貴賓來臨前，飯店都會召集相關部門開會，同時透過客戶秘書、過去住宿紀錄等，來蒐集相關資料，例如客人喜歡的食物、喜歡的枕頭樣式等，莫國基強調，最重要的是客人在飯店期間的反應，例如「觀察一籃水果中，什麼水果被吃了，什麼水果都沒吃，接下來不用客人說，他就會先準備好。」這時看的就是私人管家的觀察力與經驗值。莫國基說，客人有時會提出不合常理的需求，但他們會想盡辦法來解決客人的問題，像是曾有一位貴賓希望在房間裡使用跑步機，於是動員幾個男性員工，將沉重的跑步機從健身房送到房裡，讓客人相當開心。

　　私人管家的服務對象特別注重隱私，因此在接待過程中，應避免向外人說客人在房內的行為舉止，維護顧客的住宿隱私權，太多嘴的人絕對不適合這個工作。

　　　　　　　　　　　　　——台北君悅大飯店客房處總監　張弘杰

（《蘋果日報》，2007/7/15，黃寶玉報導）

Note...

Chapter 6

旅館中英式管家的類型

➤ 專業型管家團隊
➤ 任務型管家團隊
➤ 指派型管家團隊
➤ 各種管家團隊類型之優缺點

貴賓提供專業的服務，但台灣目前的旅館管家市場，因受限於需求的多寡，加上旅館對成本的控管，於是產生了多種不同的管家型態，例如：專業管家團隊、任務型管家團隊及指派型管家團隊等。台灣五星級觀光旅館中之管家型態與人數統計數據如**表6-1**所示。

表6-1　五星級觀光旅館房間數、員工數、管家人數及管家形態

旅館	房間數	員工數	管家人數	管家型態
宜蘭				
礁溪長榮鳳凰酒店	231	303	1	任務型
蘭城晶英酒店	193	282	5	任務型
大台北				
台北寒舍艾美酒店	160	460	16	專職部門
台北喜來登大飯店	688	914	10	專職部門
君品酒店	286	371	3	任務型
香格里拉台北遠東國際大飯店	420	591	10	任務型
圓山飯店	403	568	6	任務型
台北威斯汀六福皇宮	288	606	4	任務型
台北國賓大飯店	422	483	3	任務型
台北君悅酒店	852	752	3	任務型
台北晶華酒店	538	1,022	16	專職部門
台北福華大飯店	606	762	4	任務型
台北大倉久和大飯店	208	287	4	任務型
北投麗禧溫泉酒店	66	150	12	專職部門
華國大飯店	326	206	3	任務型
美麗信花園酒店	203	154	5	任務型
桃園				
台北諾富特華航桃園機場飯店	361	248	2	任務型
新竹				
新竹豐邑喜來登大飯店	386	388	2	任務型
新竹國賓大飯店	257	355	4	任務型
台中				
台中亞緻大飯店	202	220	4	任務型
台中長榮桂冠酒店	354	252	3	任務型
台中福華大飯店	168	202	2	任務型
裕元花園酒店	149	256	4	任務型
台中金典酒店	222	440	5	任務型

（續）表6-1　五星級觀光旅館房間數、員工數、管家人數及管家形態

旅館	房間數	員工數	管家人數	管家型態
台中永豐棧酒店	250	286	1	任務型
南投				
雲品溫泉酒店	211	290	4	專職部門
日月潭涵碧樓酒店	96	241	2	任務型
台南				
台南大億麗緻酒店	315	345	10	任務型
高雄				
義大皇冠假日飯店	656	487	3	專職部門
高雄國賓大飯店	453	364	4	任務型
漢來大飯店	540	779	10	任務型
寒軒國際大飯店	311	307	2	任務型
高雄福華大飯店	271	273	3	任務型
總計	11,092	13,644	167	

資料來源：陳貞綉（2014）。第二屆旅遊與餐旅產業國際研討會。

第一節　專業型管家團隊

　　此類型的管家團隊在台灣旅館市場中並不多，雖說相較於其他團隊而言，專業管家團隊或部門是較專業的，但很多旅館基於成本之考量，並不採用此類型的管家團隊——在旅館中成立專門的獨立管家團隊，接受旅館的專業訓練，僅服務於有管家需求的客人，無須再分心於其他的客人，以提供一對一的客製化精緻服務。現在台灣的旅館中，以此類型的管家型態代表有台北喜來登大飯店、台北晶華酒店及北投加賀屋溫泉旅館。

一、台北喜來登大飯店

　　坐落於台北市忠孝東路上，鄰近台北車站，成立專責於150間行政客房與套房，稱之為「行政管家服務」（executive butler service），旅館內

台北喜來登大飯店
資料來源：http://www.sheratongrandtaipei.com/

的管家可替房客處理下榻期間所遇到的商務或生活的繁瑣問題，同時協旅館的每個單位，提供優質與高效率的服務，以確保住客在住宿期間擁有舒適愜意的美好時光。

案例分享6-1　台北喜來登大飯店「行政管家部門」業界創舉

全台唯一　跨越尊榮　獨享one-step服務
20名專業管家團隊／PDA手機數位化服務／英國Bentley千萬名車接送

　　相較於一般人所認知的私人管家（butler），台北喜來登大飯店的「行政管家服務」水準堪稱業界「旗艦級」的代表，因為它是「唯一專職」、「全員專業頂級服務訓練」、「編制規模最大」的專業團隊，它所提供的服務，遠遠超過全球挑剔貴賓們的高度期待。

台北喜來登大飯店的「行政管家團隊」，擁有20位通過全球最高認證「英國專業管家協會」嚴格訓練的管家成員，其中，男女管家的比例平均；每位行政樓層管家皆配有PDA手機和高科技藍芽配備。台北喜來登大飯店的行政管家講求「one-step service（單步驟）的服務」，房間內的電話面板上專門設立「管家按鈕」（butler button），只要住客按下管家按鈕，電話將直接轉接至行政樓層管家，節省賓客時間，同時迅速正確的完成任務。行政樓層管家也同時扮演私人助理及行動祕書的角色，為全世界政商界賓客提供個人專屬、貼心細緻的生活起居及商務服務。

　　另外，台北喜來登飯店還斥資1,600萬購入英國Bentley皇家級禮車，是全國唯一擁有如此尊榮豪華接送服務的飯店。若要提供重要客戶尊寵的印象，或成為宴會抵達現場的焦點，這將是各飯店絕無僅有的最佳選擇。

　　台北喜來登大飯店總經理約瑟夫‧道普（Joscf Dolp）表示：「這套行政管家服務，花費近一年的時間籌備及半年的英式管家訓練。希望藉由這項旗艦級的服務內容，持續提升飯店整體的服務水準，並獲得金字塔頂端客戶群的青睞，讓客戶在優質、體貼、符合個人專屬需求的行政管家輔助下，圓滿達成在台的商旅任務。」、「20位管家中，女性管家占了近一半，對於女性賓客來說，如有較私密性的需求或難題，女性管家即可提供協助，讓賓客安心和放心。」曾經協助Raffles Hotel（Singapore）、Burj Al Arab（Dubai）、Park Hyatt（Tokyo）等知名國際飯店進行管家訓練的「英國專業管家協會」專業訓練講師安東尼‧賽登荷藍（Anthony Seddon-Holland），從其爺爺開始至家族三代在英國即擔任私人管家，安東尼‧賽登荷藍以其豐富的資歷，半年前即來台為飯店訓練出20名專業管家。

　　此外，每位行政管家皆配戴PDA手機，透過PDA手機確實記錄賓客的資料及行程。台北喜來登大飯店還罕見的自英國引進耗資1,600萬、全台僅進口五部的手工限量頂級Bentley名車，內部配備頂級的手工精質按摩座椅、自動靜音式關門操控等先進配備，滿足貴賓們公務接送等需求。

客戶得以心無旁騖、專注所有商旅任務，更有機會親身體驗與車界之王勞斯萊斯享有同等尊榮美譽的Bentley名車，坐駕尊榮享受，同時享受飯店所提供的各項優質服務。

　　凡是入住台北喜來登「行政樓層」（executive floor）的賓客，除了享有行政樓的特別優惠之外，都將有行政樓層管家機動性的提供各項貼心服務，以管家數（20位）和行政樓層入住客房數（124間）的比例而言，每一位入住的貴賓可享受到的專業服務，遠超過其他五星級飯店所提供的規模與水準，台北喜來登大飯店的私人管家，堪稱為頂級旗艦代表。（中時電子報，2007/3/31報導）

二、台北晶華酒店

　　位於台北中山北路上，針對CEO級與國際商旅的需求，專門設立「大班」以提供專業管家服務；晶華酒店所採用的「大班」一詞源自於粵語，原意是代辦的意思，經歷長時間演變及不同地區對此名詞的不同解釋，最後「大班」所代表的是擁有龐大權力及影響力的商業鉅子，也就是對商業菁英、CEO等成功人士的代名詞，故晶華酒店以此名詞來命名提供管家服務的單位，每一位入住大班樓層的客人都有專屬於自己的私人管家，負責照料住宿期間的所有需求。

台北晶華酒店

資料來源：http://www.regenthotels.com/tw/regent-taipei

案例分享6-2　晶華酒店大班樓層

　　2004年5月，晶華酒店推出業界創舉，台北第一家 "All Butler Hotel" 在酒店內的18、19樓正式開幕：大班（TAI PAN RESIDENCE & CLUB），讓大家一新耳目。大班樓層擁有80間客房，以及占地120坪的房客專屬lounge，兩層樓都以精品飯店的模式進行裝潢。所有入住大班樓層的旅客，其check in的櫃檯是與其他樓層房客分開來的，此項措施更顯得此層房客的隱私獲得了一定保障。晶華大班不僅是以一家全管家式飯店的方式營運，同時也是以店中店的模式去經營的飯店。

　　晶華在大班樓層所提供的是二十四小時的管家式服務，使得目前晶華的管家式服務集中於大班樓層與總統套房。晶華大班樓層身為飯店管家式服務市場的領導開創者，為了飯店所推出的管家式服務，晶華遠從英國禮聘服務過約旦國王與伊麗莎白女王的英國管家前來訓練晶華的管家，為的就是要使晶華管家的語言以及整合能力都能高人一等。正統英式管家親自的經驗傳授，使得晶華的管家更能親身體會到英式管家的獨特內涵。

三、北投加賀屋溫泉旅館

　　坐落於台北北投溫泉區，鄰近於新北投捷運站，引進全台唯一的日式管家服務，稱之為「女將」服務；所謂女將的傳統文化是秉持著不向顧客說「做不到」的信念，認真對待每一位遠道而來的客人，而旅館內的管家即是傳承此項文化，同時管家的正座、手勢、鞠躬角度等，都有其嚴格之規定及標準，旅館中所有再小的細節都被嚴格要求，且每一位管家都接受正統的日式管家訓練，以提供每一位入住的客人完美的服務，透過細心照顧貴賓的需求，期許讓每一位賓客都能盡情享受歡愉的時刻。

北投加賀屋溫泉旅館

資料來源：http://www.taiwan-hotels.net/top10s/best-taiwan-hotels.htm

案例分享6-3

貼身管家全程侍奉的日式服務

「得知獲獎，我只高興了一秒鐘，接下來壓力就大到不行。」日勝生加賀屋總經理劉東春接受《遠見》採訪時，開門見山地說。主因是——位於北投溫泉史上第一座溫泉旅館「天狗庵」原址旁的日勝生加賀屋，是以服務聞名全世界的日本加賀屋海外第一家分店。

過去連續三十一年，加賀屋在日本堪稱無敵手，年年打敗日本二萬八千家旅館，蟬連專家票選旅館綜合排名第一。

◎移植日本女將文化

果真，完全移植自日本的日勝生加賀屋，不負眾望，在列入《遠見》神祕客調查第一年，就坐上頂級休閒旅館類的冠軍寶座，「我必須背著冠軍的光環三十年，明年千萬不能不拿第一。」劉東春如履薄冰地說。

這次讓神祕客印象最深刻的，也正是加賀屋最為人津津樂道的「女將文化」。客人從入住到離開，都由一位專屬的「客室係」，也就是管家，幾乎全程貼身侍奉。

台灣加賀屋開幕前兩年，就送了10位服務人員到日本總店接受管家訓練。項目包括加賀屋歷史文化、花道、茶道、和服文化、接待禮儀和日語敬語等，由擁有十幾年管家訓練的日籍老師從早到晚、隨身教導每個動作，不斷灌輸真心款待客人的精神。

在加賀屋，管家領客人進房時，必須跪著進去，待客人吃完和果子後，得奉上熱騰騰抹茶，還要端杯子轉兩圈半，以表示對客人的尊重。

用餐時，客人不需費力走到餐廳，而是由管家把餐食送到房間。等到隔天客人離開，管家必須站在門口向客人揮手致意，等到看不到客人身影，鞠躬後才能轉身入館。

承襲百年細膩貼心的真心款待服務
資料來源：http://www.kagaya.com.tw/getContent.asp?CID=219&CategoryID=R

◎「一生懸命一期一會」款待

　　「一生懸命一期一會的真心款待」劉東春點出加賀屋的服務精髓。意思是説，每一個服務人員都必須像是付出生命般，把每位客人當作一輩子只遇見一次地服務他們。

　　當管家藉由察言觀色或是聊天，得知客人需求時，旋即轉身變回一百年前旅館老闆娘的身分，向櫃檯發號施令，所有員工就要想盡辦法達成任務，就連總經理也不例外，因為「管家提出的要求，就代表客人的聲音」。

　　有一次，管家無意間聽到客人喜歡喝現搾蘋果汁，沒想到廚房竟然只剩下一顆。於是，馬上通知櫃檯人員，第一時間出去超市再買一顆，然後現搾成一杯，送到客人房間。

「布袋戲裡的藏鏡人說，順我者生，逆我者亡，對於我們來說，順從客人，才能讓我們永續生存。」曾經晚上十點還在大街上找蛋糕為客人慶生的劉東春說。

　　擔任日勝生加賀屋顧問的高雄餐旅學院旅館管理系助理教授蘇國垚分析，加賀屋最大的優勢是，由管家一個人跟前跟後貫徹服務，比較不容易出狀況。

　　對於劉東春而言，未來的最大挑戰是，如何維持一流的服務水準，因此8月又送了8位台灣管家到日本總店受訓，接下來還要再送6位。

　　「既然來到台灣，就是想呈現純粹日本文化，不能被環境本土化。」劉東春小心呵護台灣獨有的日式服務。（《遠見》雜誌，2011年10月號，第304期）

案例分享0-4

北投加賀屋「女將」文化報導

　　根據東森新聞報導的〈美女管家才藝多　加賀屋「女將」文化絕不說"NO"〉內容如下：

　　其實很多住過加賀屋的旅客，都對飯店裡的「女將文化」印象深刻，這些身穿和服的美女管家，對客人的服務可以說無微不至，而且絕對不能對客人說「不」，為了達到要求，她們都經過嚴格的訓練，從花道、茶道都要精通，就連鞠躬都一定要維持30度。

　　一口流利日文，身穿藍色和服的美女管家，就是加賀屋的祕密武器。從迎賓到奉茶都是日本規矩，跪坐榻榻米上頭，連姿勢都很講究。30歲的洪伶欣和27歲的黃嬈嬡，都是台灣加賀屋的第一批種子學員，到日本受訓一年，上課內容可不容易，光是學會花道、茶道，甚至和服文化，得

花一千零八十個小時,而且最難的就是接待禮儀,手部要呈現三角形,腳部要交叉,這樣的迎賓動作才OK,就連鞠躬也得學,一律要符合規定只能30度。

在人生地不熟的環境中,要應付台日的文化衝擊,還要在高壓特訓下快速上手,底薪28,000元起跳,而且永遠不能向賓客說「不」,一連串的女將養成習慣,也讓人見識到日本企業的嚴格要求。(東森新聞,黃宇潔、何仁楷報導)

加賀屋的女將文化是一種真心款待客人的精神

資料來源:http://www.kagaya.com.tw/getContent.asp?CID=273&CategoryID=R

第二節　任務型管家團隊

　　所謂的任務型管家團隊是指旅館設立專業的管家團隊，其成員平常服務於原單位，遇到需要英式管家的貴賓時，再由團隊中指派合適人選；而管家團隊的成員通常經過旅館的嚴格甄選（通常挑選以客務部及房務部員工為最多），再經由專業訓練而成，大部分成員是單位副主管級以上之員工，而台灣的專業管家團隊以此為最普遍，例如：香格里拉台北遠東國際大飯店、台中長榮桂冠酒店、台南大億麗緻酒店及高雄漢來大飯店等。

一、香格里拉台北遠東國際大飯店

　　旅館中設有管家團隊，其成員由各單位副主管以上職級獲傑出優秀員工甄選培訓，平時服務於原單位，若有管家需求之貴賓入住時，再視其

管家團隊的成員經過嚴格甄選，再經由專業訓練而成

情況而於管家團隊中指派,其管家團隊之成員以客務部及房務部為主;而台北遠東國際大飯店為香格里拉集團的成員之一,每一年皆會有一或二名管家團隊之成員前往香格里拉學院接受英式管家訓練,以提升管家團隊之專業性,同時成為旅館中之種子訓練師,以訓練新的管家團隊成員。

二、台中長榮桂冠酒店

位於台中台灣大道上,是許多名人曾經下塌的飯店,因此酒店針對入住的賓客,為提供專業舒適的高品質服務,由飯店主要部門(客務部、房務部、餐飲部及業務部門)組成管家服務團隊,其成員為中階主管組成,針對客人之不同需求,由其管家團隊之一名成員擔任服務,提供二十四小時全天候的待命。

三、台南大億麗緻酒店

酒店位於台南市中區的西門路上,隸屬於麗緻旅館系統(Landis Hotels & Resorts),是台南市區內首間五星級國際旅館,酒店內所提供的管家服務是視貴賓入住的情況而定,根據客人提出之需求,由房務部抽調人手提供管家服務。

四、高雄漢來大飯店

坐落於高雄成功一路與新田路口,擁有市中心便利的交通,旅館內的管家服務團隊由首席管家(通常是房務部主管)負責指導及訓練,其管家成員以房務部門為主,平時服務於原單位,針對貴賓之需求,指派合適的管家擔任,提供入住總統套房及需要英式管家服務的賓客專業的管家服務。

案例分享6-5

"One way one team"

　　目前任務型的管家團隊在台灣的國際觀光旅館最為普遍，其中最主要的原因是「成本」因素，大部分的旅館無法負擔獨立管家團隊的高額訓練成本、薪資成本，加上目前台灣的旅館管家市場並不成熟，其需求量無法超過旅館的供給量，站在飯店營收的立場根本不符合經濟效益，在此因果循環之下，專職的旅館管家並不易生存；但國際級的觀光旅館仍是會有一些管家需求，特別是這些五星級的觀光旅館，因此任務型的管家團隊應運而生。

　　任務型的管家團隊成員來自於旅館的各部門，其中又以房務部及客務部員工居多，因為管家需要流暢的英文能力，故客務部是為首選，而房務部因為較為瞭解飯店房間動線及陳設，因此也為其人選，其中客務部的員工以有意願上忠誠度高之員工即有可能被選為管家人選，但房務部的員工則以主管級為人選，其中的考量也是英文能力。

　　而任務型的管家成員平時服務於原屬單位，若旅館有其管家需求時，再由管家團隊挑選，其中挑選的原則以「男管家服務男賓客，女管家服務女賓客」，但在女管家的部分仍是有可能服務男賓客，但男管家服務女賓客的機率就微乎其微了，而任務型管家團隊之成員因為管家任務彼此會有合作及協助，因此容易培養出「革命情感」，他們也常將管家團隊視為一個旅館團隊，有其團隊的宗旨及方向，任何時候不管是由團隊中的哪位成員擔任管家，都心繫著其團隊的任務及宗旨，將該管家團隊推向更專業、更成功的地位。

第三節 指派型管家團隊

一般指派式的管家服務存在於無管家專業訓練及較小規模之旅館內，因為在旅館中需要英式管家服務的機會不多，加上公司在人力及成本之考量下，不再實施專業的管家訓練，遇到偶有的需要管家服務之貴賓，則由高層主管指派部門中較優秀之員工擔任（通常是先經由部門經理推薦，再由總經理決定），通常被指派的員工平常在工作表現上是較一般員工傑出，而這些員工是以中高階級主管居多；台灣現今的旅館產業中，中小型的旅館以此類型的管家服務方式為主，畢竟中小型旅館的訓練經費有限，且旅館的空間與設備也有限，加上需要管家服務的客人較不會選擇中小型旅館，所以旅館主要的人力皆著重在服務旅館內的所有客人，因此公司在面臨需要管家服務的賓客不多的情況下，會考量以現有的客人為主，將現有的人力發揮極致，以鞏固現有的市場，因此會選擇放棄專業的管家訓練，畢竟對中小型的旅館而言，要同時兼顧兩者是較不易的，於是會擇其一專精發展，絕大部分的旅館仍是會以大市場的利潤為主，因為旅館的最終目的是以營利為主。

案例分享6-6

專業管家　貼身，更求貼心

從《蝙蝠俠》（Batman）、《唐頓莊園》（Downton Abbey）、《白宮第一管家》（The Butler）等，越來越多影片中可見管家角色身影，看似隱形卻又十分關鍵，管家是相當專業的職業，需要很長的養成時間，先花時間瞭解管家的角色跟職責，較能建立良好且長久的主從關係。

◎一天開始　打理自身儀容

日勝生加賀屋的管家約早上八點半起床，梳洗、吃早餐、化妝、搭車到旅館，九點半換穿和服，十點正式上工，在門口送陸續退房的賓客，一邊整理退房後的房間。

十二點用餐、休息，下午一、兩點開始重新檢查即將入住賓客的房間，三點前到門口等候即將入住的賓客，陸續將賓客送往客房、進行奉茶。四點至六點盤點客房將使用到的餐具、器皿，並享用二十分鐘的員工餐；晚上六點至十點，進行晚餐配送服務、說菜，回收餐具整理，並回報一天下來賓客的喜好、禁忌、需求等細節給各部門，晚上十點換裝下班。

有時會有特殊狀況，像有些賓客搭半夜班機，有些管家自發性想送客，就會在凌晨兩點、清晨五點回到旅館跟賓客道別。

至於圓山飯店只接待元首與重要外賓的「圓山行館」，管家曾睡在管家房，半夜裡即使入睡，一接到任務必須在三至五分鐘內著裝完畢，以正式服裝出現在主人面前。而早上從門縫裡看到房間有亮光，就會站在門前等候差遣。

◎英式服務　隱形卻又關鍵

管家（butler）的字源是拉丁文buticula，這個字在2000年前古羅馬時代原意是「瓶子」（bottle），後來延伸為「拿著瓶子提供服務的人」，在當時是專門服侍皇室、貴族等上流階層，日後演變為掌管家中大小事務的管家。

將管家觀念帶入英國的是羅馬人，但將管家制度發揚光大的卻是英國人，也因此現代一講到管家服務，就聯想到英國。目前台灣飯店管家制度，也多採用英式服務。

在18世紀，管家職責相當於一般僕人，除了家中打掃、洗衣、烹飪、帶小孩等雜役，男僕人還得幫男主人洗澡；當主人游泳時，為他們看守衣物；為主人犧牲性命；扶主人上床就寢；避免主人罹患憂鬱症，為主

人分憂解勞；若遇上選舉期間，還需當主人的樁腳等等，由此也可以看出管家在主人家中扮演的角色日益重要。

第二次世界大戰後，超過40人的大家庭崩解，且在教育普及、自我意識提升的背景下，愈來愈少人願意從事幫傭工作，也使得僱傭狀況日益減少。還僱用得起幫傭的富有家庭，管家常需一人分飾多角，包含：跑腿、看門、園丁、廚師、保姆等多重身分。

到了1980年代，亞洲一些六星級飯店將私人管家概念導入飯店中，讓頂級房客有機會享受如舊時皇室貴族或富豪才有的管家服務。

◎三種管家　職務各有不同

管家分為三種類別：一種是家庭的私人管家，一種是旅館管家，一種是企業管家（俗稱特助）。而旅館管家又分兩種：一種是專人專職型，像晶華酒店、日勝生加賀屋，管家的工作就是專職管家；一種是身兼二職型，平常在不同部門擔任工作，待重要貴賓入住前，便組成臨時團隊小組，提供貼身服務。

管家原有「大總管」之意，統管餐飲人員、園丁、司機、保姆等人的管理者，團隊人多分工細，舉例來說，在白金漢宮甚至有一人專職只放洗澡水，只要根據當天氣候調節水溫與滴不同精油即可。

然而，在台灣有許多人對管家角色認知不足或誤解，在言行、肢體、薪水上表現不尊重的態度，把管家當下人或僕役使喚，無止盡地予取予求，要一人分飾多角、超時工作，終使得管家精疲力盡，陣亡求去。

◎飯店管家　體貼超越時地

一般人較有機會接觸到的是旅館管家，一位優秀的私人管家，在賓客抵達飯店前就開始前置作業，從賓客秘書、經紀人口中得知賓客的基本喜好、生活習慣與特殊要求。

像早上看什麼報紙、咖啡口味的濃淡、抽菸或雪茄的品牌等，若對

一位優秀的管家，在賓客抵達飯店前、入住時，甚至離開後，都要展現出專業的貼心服務

花過敏，房內就只擺設綠色盆栽；若喜歡藍色，房內就有一些相關布置；有人只喝某種牌子的礦泉水，房內就不能出現別的品牌。其他如枕頭及床鋪的軟硬、房間溫溼度要求，都必須在賓客入住前準備妥當。

從班機抵台後，計算專車接送至飯店的路程時間，藉以計算抵達飯店時，迎賓果汁是否保持冰涼狀態或茶水是否溫熱出汁。

賓客離開前，準備好他即將前往的國家溫度表，連他離開後的事都替他留心。並將此次入住時相關資料建檔，以便賓客下次回來時能享受到相同服務。

◎飯店管家的隨身法寶

管家多有自己隨身攜帶的秘密道具，像圓山飯店管家隨身攜帶三樣東西：筆記本、筆跟白手套。前兩者是用來記錄被吩咐的大小事，白手套

則在服務用餐時會使用,可使餐具上不至於印上指痕。手機雖隨身攜帶,但只要開始進行服務就不會帶在身上,因為服務對象常是元首或使節,要避免攝錄之嫌。

日勝生加賀屋的管家隨身道具中有一樣讓人意想不到的東西,那就是開瓶器,因為日本人喝啤酒已是生活一部分,隨身攜帶便可隨時服務。另外,很特別的還有「懷紙」,有衛生紙或抹布功用,見到水漬即可立即擦拭,也用懷紙遞送筷子、湯匙給賓客,有隔絕細菌的意思。

此外還有手機、筆記本與姓名牌。手機是飯店內部公務機,隨時接收機動工作調度;筆記本用來記錄賓客大小事;而姓名牌也有玄機,正面是讓賓客記住自己名字,背面則放偶像明星照,當受氣時,看看照片就能收療癒舒心之效。

今日顧問——台北圓山飯店客房部門房務部副總領班陳錦昇、台北圓山飯店客房部門房務部副主任蔡新民、台北圓山飯店客房部門房務部經理王清芳、玄奘大學餐旅管理學系講師陳貞綉、日勝生加賀屋客房處協理張美靜、日勝生加賀屋管家禮奈、晶華酒店行銷公關部協理蔡惠茹、晶華酒店貴賓服務部副協理洪智昌

(經濟日報,2015/7/30,陳靜宜報導)

第四節　各種管家團隊類型之優缺點

不管是哪一型態的管家服務團隊,都是旅館針對館內的設備、人力及需求做過全方面的評估,才決定採用其管家型態,基本上沒有對錯,且不同型態的服務團隊有其不同的優缺點,而各旅館則針對自己館內的情況作其選擇(**表6-2**)。

表6-2　不同管家團隊類型之比較

管家類型	專業型管家團隊	任務型管家團隊	指派型管家團隊
專業度	高	中	低
成本	高	中	低
員工總工作量	低	高	中
向心力	高	中	低
要求度	高	中	低
員工壓力	低	中	高

一、專業型管家團隊

(一)優點

1. 高度專業性：因為管家團隊為專屬的部門，且接受旅館內專業的訓練，因此在專業性的表現上會較其他管家型態為高。
2. 專心：管家團隊擁有專屬獨立之部門，無須分心於其他單位之工作與事務，故能專心於旅館內的管家服務。
3. 行銷策略：針對金字塔頂端的賓客實為一有利的誘因，旅館能以此作為館內強而有利的行銷策略。

(二)缺點

1. 高成本：因為旅館為了訓練管家團隊的專業性，會將其部門獨立專屬出來，員工僅負責於專屬的管家團隊內，可以專心在其單位服務，不被其他外務纏身，可想而知其人事成本會較其他管家型態為高，且專業管家團隊的薪資因為對其要求較高，同時需要較高的薪資聘任。
2. 員工不易招募：旅館管家不僅須具備客務部接待能力，也須兼具餐飲部之服務技能及專業餐飲知識，因此管家的基本要求相較其他旅

館部門的員工還要高，且原先已經接受過管家訓練的人數量不多，因此會來旅館應徵此專業管家的人數自然而然就跟著減少。

二、任務型管家團隊

(一)優點

1. 員工充分利用：因為旅館內並不是每天都需要管家服務，因此沒有管家任務時，任務型管家團隊的員工是在原單位致力於工作崗位上，旅館同時兼顧管家的專業及營運上人力的控管。

2. 交叉訓練的回饋：任務型的管家團隊成員因為必須接受旅館的專業管家訓練，所以其管家成員必須到不同部門執行在職訓練（on job training），且平時於原單位工作時，可將其交叉訓練所學的知識及技能傳授給同單位的同事，同時帶動原單位同事的專業水準。

3. 員工正面競爭力：此類型的管家團隊是由旅館高層主管從不同單位中挑選傑出優秀的員工，在接受嚴格訓練之後才能擔任管家的角色，因此對全旅館的員工而言，能被主管挑選為管家人選且完成訓練是一件榮耀的事情，此正面的象徵能引起員工積極爭取及努力。

(二)缺點

1. 員工工作量大：雖說管家團對的成員僅需有管家任務時才需要提供此服務，但原屬單位也有其原屬的文書工作內容（如文書作業、部門訓練計畫及年度計畫等），即使於管家任務期間可暫時放下原屬單位之工作，但於任務結束後，仍是得花時間將自己原有的工作內容完成，並不能因為擔任管家而將其工作進度落後。

2. 向心力不夠：因為任務型的管家在公司的編制內是屬於原有的單位，所以員工仍是以自己原有的單位為主，因為此員工的大部分工

作時間仍是在原單位，因此仍是會以原單位為主，所以團隊凝聚力及向心力就較為不足。

3.流動率高：任務型管家團隊之成員在接受館內交叉訓練後，仍須接受原單位之訓練，相同的，執行管家任務後，仍須回到原單位工作，在這種多重壓力及工作下，容易產生高壓力及高工作量，最後導致管家團隊人員的流失。

三、指派型管家團隊

(一)優點

1.訓練成本低：基本上指派型的管家團隊較無接受專業訓練，因此公司無須在管家訓練師資及時間上準備，同時員工不需再花時間訓練而減少原單位人力，因此其總訓練成本就跟著減少而較偏低。

2.員工自主性高：被指派的管家僅需遵守旅館的宗旨，至於服務的流程及內容則由管家自行發揮居多，只要不違背飯店的原則，指派型管家則由自我經驗及認知從事服務。

(二)缺點

1.專業性不足：因為管家需要高度專業的知識及服務，而員工在沒有接受英式管家訓練下，僅能以自我原有的知識及技能從事管家任務，所以在專業性的服務上較專業型管家團隊及任務型管家團隊為差。

2.員工壓力較大：對賓客而言，並不知其管家是否有接受專業訓練，他僅知道旅館的管家就該具備應有的水準，也不會因此降低對服務品質的要求，所以管家服務的高度嚴苛要求使得沒有受過訓練的員工壓力會比其他類型的管家團隊為高。

3.負面印象：因為員工的急就章，容易產生緊張及服務不到位，可能

導致旅館賓客的負面評價，更可能產生負面口碑。對員工而言，容易會產生臨時被指派而不舒服及緊張的感受，員工間對此的負面印象不逕而走。

案例分享6-7

我可以擔任管家嗎？

　　在筆者之前服務的旅館，所有的管家團隊的成員是經由各部門經理提出適合人選，送交訓練部門篩選後，將最後的名單送給總經理，再由總經理一一面試，挑出最後的管家人選，而飯店的總經理長期都是外國人，所以在面試過程中全是用英文面談。

　　經過挑選出爐的管家人選接著是一連串的專業訓練，其中包括了專業知識及服務技能的訓練，所有的師資是由各部門的經理及原本的管家團隊成員擔任，在訓練結束後，接著是到各部門在職訓練，這一連串的訓練前後所需的時間約為三至六個月，通過訓練部門的最後檢核才算正式的管家團隊成員，通過訓練的管家成員會在主管會議中接受總經理親自頒發的證書，同時向各部門經理介紹管家團隊的成員，這一切的程序都看得出旅館的重視程度，看在飯店其他員工的眼中，大多是心生羨慕及尊重；因此會有一些員工私底下詢問訓練部同仁自己是否也可以接受旅館的管家訓練，但讓訓練部門為難的是不少員工的表現及資質都是不錯的，唯一的敗筆就是「英文問題」，這就無法說服總經理任用，畢竟無法做直接的溝通，就無法傳遞專業且直接的服務，如果管家在服務時，需要翻譯在一旁協助，這畫面不是很怪異嗎？因此語文程度是必須具備的，當然面對現今全球的國際語言仍是以英文為主，所以台灣的旅館產業也是遵循全球趨勢，英文是必備的語文能力，若管家會其他國家的語文則是另一項加分，所以若是想成為旅館的管家，第一前提是須具備語文能力，不然其餘免談。

Chapter 7

旅館中從事英式管家之
誘因及禁忌

➤ 有形的誘因
➤ 無形的誘因
➤ 旅館管家之禁忌

　　Vroom（1964）所提出的期望理論（Expectancy Theory），將期望理論用來解釋激勵作用，認為人之所以想採行每種行為的意願高低，取決於自我認為在採取其行為後能夠得到某結果的期望強度，以及該結果對他個人的吸引力，換句話說，期望理論認為這些激勵是否能對員工產生作用，完全根據員工是否相信在努力之後就會有更好的績效表現，而績效表現較好的時候，管理者就可能給予一些獎賞，例如加薪、升等或是分紅等，同時這些獎勵也可能可以滿足自己的目標及預期。

　　管理者普遍採行的誘因制度是透過金錢的方式來激勵員工，但行為科學家卻傾向低估金錢所帶來的激勵作用，因為他們將重點放在其他的方式上，例如具有挑戰性的工作或目標、參與決策、回饋、向心力強的工作團隊以及其他非金錢的因素，不過，在現實生活中「金錢」對員工而言，仍是具有左右能力的激勵因子，因為金錢除了可以用來交易、滿足生活的所需外，同時還具有其他的象徵意義，例如身分、地位，而且現今的社會通常會將金錢視為是與努力付出相對應之主要報酬。

　　站在員工的角度，擔任旅館中的管家較為忙碌，且針對員工的要求及訓練也較為嚴苛，而且台灣旅館業以任務型管家團隊居多，管家成員的工作量及壓力都較旅館其他部門為高，某些旅館的員工為了輕鬆工作都傾向不願意擔任，但仍是有一些員工將擔任旅館管家作為努力目標，當然旅館為增加員工的興趣及加入管家新血，會剖析擔任旅館管家有形及無形的益處，以提高員工的加入動機，同時吸引員工的加入。誘因乃是驅使個人去做某些行為、追求某些目標或滿足某些需求的一種內在動力，或引發個人選擇目標需求並使其行為朝向此目標需求行動的動力，此為誘因的內在驅力，而行為則是誘因的外在表現。誘因除了個體的內在驅力，也受外在環境影響而產生學習的動力或達成目標的行為，因此，引發個人產生行為的誘因又可分為內在動機與外在動機。

　　身為旅館的管家，因為服務對象的身分及隱私需求之不同，須特別注意一些事項，以免讓客人不悅或客訴，甚至讓旅館面對法律訴訟，即使管家全程的服務都非常好，但若犯了一些不可犯的禁忌，則功虧一簣，因

此需要特別留意及小心。

第一節　有形的誘因

所謂「有形的誘因」基本上是員工直接看得到的好處，例如額外的小費、可能的升遷機會及優良員工的表揚等。

一、額外的小費

因為旅館中的管家所提供的服務是二十四小時待命，且是一對一的客製化服務，因此被服務的賓客大部分都會在退房時私下給管家小費，以表達對管家所提供無微不至照料的謝意，當然小費是取決於管家服務的品質及專業度，只要旅館中的管家能達到公司的要求及滿足顧客住宿期間的

小費往往取決於管家服務的品質及專業度

管家服務

所有需求，基本上賓客都會聊表心意給小費，而小費也僅只屬於服務的管家，不像一般服務業的小費是需要公開平分的。

案例分享7-1

你覺得多少小費才夠呢？

同為旅館管家的一位同事Howard，曾經服務一位美商的CEO，因為此客人是為拓展事業版圖及知名度而來台，同行的有他的妻子及女兒，因為他對女兒寵愛有加，吩咐Howard僅需將他女兒照顧好（約莫15、6歲的女孩），其他事務則由客人的助理打理，無須他費心。而Howard也將他女兒照顧得無微不至，在客人即將離去的前一晚，他將Howard叫來聊了一下，說說他這幾天來對旅館及台灣的感覺，Howard僅當一位專心聽眾，聽他訴說他的感受，最後他問Howard旅館中是否有paid out單（幫客人代墊金錢，再入到房帳，於客人check out時再一併收費，通常旅館會加上5%的手續費），在客人拿到paid out單時，他問了Howard：「很感謝你這一次的服務，小費是為了表示我個人對你的謝意，你覺得多少小費才夠呢？」，頓時，Howard恭敬地答道：「服務您是我個人的榮幸，我不在乎金錢的多寡，但我重視的是您此次住宿的期間是否滿意。」語畢，客人笑了笑寫下了3,000美元的paid out單給Howard。其實Howard僅服務此客人四天，就拿到這麼豐厚的小費真是羨煞很多人，但Howard真的是很認真地將管家服務做好，才能得到國際級商業客人的青睞，畢竟客人是見過太多世面，怎會判斷不出來服務人員的好壞及真偽呢？無非是他真正感受到Howard的專業及精緻服務，他才會如此的大手筆。

二、可能的升遷機會

　　旅館中的員工動輒百人，甚至千人，加上來來去去的流動員工，對於高層的主管而言，要知道每一位員工或認識每一位員工實為一項挑戰，而旅館中的管家因為需要服務較重要的賓客且攸關旅館聲譽，因此旅館也較為重視管家所執勤的任務，所以高層的主管也會多加留意接任的管家，以確保管家能勝任此重責大任；若是旅館中有升遷的機會，自然而然主管會選擇平時服務較佳且表現良好的員工，加上印象較佳的員工，而旅館中的管家在經過專業訓練後，已是旅館中的菁英之一，自然就是機會較高的人選考量。

案例分享7-2

「I will be back」

　　在筆者的管家經歷中，曾經服務過邦交國的元首，因此跟外交部的互動也較頻繁，而邦交國的駐台代表因為其元首來訪，所以是全程參與的，包括旅館中的所有瑣事，同時外交元首若有任何事情需要溝通，都是透過駐台代表，所以我跟這位駐台代表互動極為頻繁，而他也對我留下深刻印象。

　　在我任務結束的同時，因為需要歡送外交元首離開旅館，所以我陪同一起離開總統套房，歡送他到旅館大門，而所有飯店中的高層主管也全都等待在紅地毯的兩端歡送此位貴賓，在我送他上車且目送他離開後，他國的駐台代表回過頭來跟我說 "I will be back"，大家愣了一下，不懂他的意思，他又補上了一句，他會帶他兒子回來跟我認識，希望我能成為他的媳婦，頓時旅館中的主管大笑，事情並沒有因此結束，因為隔幾天後，

這位駐台代表寫了封信到旅館，表達感謝我的優秀服務，讓他們的國家元首對住宿期間的所有安排甚為滿意，同時信中提及他在台灣的聯絡電話，希望我有空跟他聯絡，他想安排我跟他兒子認識，當時這件事在旅館中被大家津津樂道，常跟我開玩笑的說 "I will be back"，或問我何時要結婚等，後來若我要當管家時，大家都會開我玩笑，小心又會有人要來提親。當然這些玩笑話僅僅流傳了一小段時間，但我因為完善的服務而深受客人認同及讚賞的感謝信卻長留在旅館中，特別是在是高層主管們的心中，我在旅館也因此而聲名大噪。

三、優良員工的表揚

大部分的旅館會有優良員工的表揚，以鼓勵此員工繼續努力，同時激勵其他員工仿效；而旅館中的管家因為提供客人專業及高配合度的服務，一般而言會得到顧客較多的稱讚，有些客人甚至會於退房後寫感謝信函到旅館以表達其謝意，這對英式管家而言是一種肯定也是一項榮譽，同時旅館也會因此表揚接待的管家，藉此感謝員工辛勤的付出，以及鼓勵此員工繼續努力表現。

第二節　無形的誘因

對英式管家而言，最大的驕傲就是無形的誘因，因為它代表著一名專業管家的成就感及榮譽感、自我能力的挑戰、受人尊重及肯定等；無形的誘因使得英式管家自我期許及要求較高，以達到管家期許的目標。有形的誘因是實質的回饋及好處，但無形的誘因是管家更上一層樓的驅動力，

如同Maslow階級需求理論中的「自我實現」需求，屬於高層次的精神需求，唯有無形的誘因才能使旅館的管家一直勝任下去，同時克服所有的困難及問題。

一、成就感及榮譽感

身為旅館中的管家，所服務的對象大多是旅館中的VIP，因此旅館中的所有員工都會特別注意貴賓的一舉一動，同時旅館中的高層主管會在貴賓入住前，特別叮嚀所有的部門合力協助英式管家，將此任務完美達成，所以旅館中的員工及下榻貴賓的相關人士（如外交部、經紀公司等）皆會高度注意，當然他們也知道管家之辛苦及努力，看到管家的高度配合及長時間的待命，只為盡力達到貴賓的要求，將服務做到盡可能的完美，大多能得到大家的認同及讚賞，因此身為旅館的管家對工作之成就感及榮譽感是高度肯定及認同的，才會使管家們努力達到任務的目標。

二、自我能力的挑戰

管家任務的挑戰不僅包括體力，更含含了精神的壓力。對旅館中的管家而言，身體的挑戰是能克服的，但是精神的壓力卻沒有想像中的簡單，例如客人要求的事情是旅館無法達成的，身為賓客的專業管家應該如何告知客人，且不能讓客人感到不舒服或覺得不專業，這就是一項很大的挑戰，此時管家要思考如何處理，這就是一項精神壓力，因為無法預知客人的要求，更無法預期客人的反應，很多事情是超出旅館管家的能力及權限的，所以管家們需要將所有的可能性作全面的考量及盤算，將自我的能力發揮到極致甚至是超越，讓所有事情及狀況皆在管家的控制範圍內。

三、受人尊重及肯定

在旅館的職場中，大家的能力及特質並沒有太大的差異，唯獨在「服務」上能看出彼此的優異差別，其實說穿了就是有沒有或是肯不肯用心。而旅館中的管家所做的即是精緻及專業的服務，所以大家對管家的肯定是絕對的，同時會因為看到管家的努力，自然心生尊重。

案例分享7-3

你辛苦了，加油！

在筆者的管家任務中，最喜歡聽到同事說的一句話是「你辛苦了，加油！」，因為他們常看到我東奔西跑，三餐不正常，只為了讓此次管家任務中的貴賓得到最大的滿意。同事們都知道身為旅館的管家並沒有額外的津貼，工作的時間是超時的，對有些人而言，更認為是一項吃力不討好的工作，但有些同事卻是心生佩服，不論同事們的眼光如何，他們對旅館中的管家是認同的，常常在我忙碌之虞，給我一點鼓勵，給我一個微笑，其實那就很多了，勝過任何實質的東西，而我個人覺得最貼心的一句鼓勵話就是「你辛苦了，加油！」，因為那代表著大家對我的肯定，當然也是一種動力讓我更繼續往前行。

第三節　旅館管家之禁忌

　　服務於旅館的專業管家，其工作不僅是要將其份內的事務迅速完成，更需要注意一些不該犯的細節，而造成無法彌補的後果，其中又以「拍照及要簽名」、「公布客人隱私」、「要小費」及「非法活動的安排」最為重要。

一、拍照及要簽名

　　在旅館中從事英式管家時，所服務的對象以政商名流居多，皆是媒體追逐的焦點，英式管家是近距離的接觸，身為這些貴賓的英式管家，同時也是媒體記者追逐爆料的對象，更是一般民眾羨慕的人員，只因為管家們可以直接和這些貴賓面對面，甚至得知私底下的一面。其實很多人都有錯誤的概念，認為身為旅館的管家應該有很多機會跟他們要照片、要簽名，甚至是拍照留念，但基於管家的專業性考量，這些行為都是不被允許的，因此身為英式管家要出乎人之常情，要懂得控制自我情緒、個人仰慕及探人隱私等，所以即使旅館管家所服務的對象是自己最仰慕的明星，仍是得維持該有的專業，控制自己因為仰慕之情而做出其他行為。

　　一般的民眾看到檯面上的明星或政治人物，當下想做的第一件事即是要簽名、要合影拍照，但是身為專業的管家若也是相同的行為，就打擾了賓客的休息，使他無法好好的放鬆，導致他忙了一天後，回到旅館想卸下一切，讓自己喘口氣的同時，還要面對近距離服務的貼身管家，那等同於他沒有休息的空間及時間，會使得賓客厭煩及不悅。

案例分享1-4

實習生無心的錯誤

　　台灣曾經發生過實習生要簽名的案例，而導致客人抱怨，事情是發生在一家國際級的連鎖觀光旅館中，當時旅館下榻一位國際級的明星，因為享譽國際，遂成為報章雜誌報導的焦點，當時旅館房務部有一位實習生，因為愛慕此明星，加上周邊朋友的鼓譟要簽名，自告奮勇幫忙整理此客人的房間，在清潔完畢後，留下一張要簽名的字條在書桌上，等到客人回到旅館內發現這張字條時，非常的生氣，同時要求旅館做出合理的解釋及處理，不然他會訴諸媒體及法律行動，旅館主管深入調查後，發現事實真相，雖說情理上是說得過去，但是基於旅館之專業及服務品質之考量，仍是去函告知學校，同時請總經理出面道歉，以安撫客人不悅之情緒，事情演變成如此，絕不是此實習生所料想得到的，只因為他一個小小的動作，竟引發如此大的風波。

　　事情的主角是一名實習生，若是主角換成旅館的管家，是否會引發更大的風波，而事情的處理方式是否一樣呢？筆者認為應該是不一樣的，一定會有更大的客訴，更多的處理後續行為，以彌補此嚴重的問題，只因為旅館管家應該更專業、更注重客人的休息空間及時間。

二、公布客人隱私

　　需要旅館管家服務的客人非富即貴，常是媒體報導的座上賓，亦或是注重隱私的客人，居於人性的偷窺慾，使得這些負面的隱私報導日趨加重，台灣現在才會有這麼多的八卦雜誌，其銷售量還居高不下，甚至超越了許多專業性的雜誌，這些媒體為了使其報導吸引更多的目光，無不發揮看家本領，以取得顧客的青睞，而旅館管家因為服務的賓客之特別，這些

當賓客下榻飯店那一刻起，旅館管家必須做到絕對保護客人的隱私

　　媒體自然也不會放過管家所能提供的消息及內幕，而專業管家的口風是需要特別緊的，必須做到有進無出、滴水不漏，才能保護客人的隱私。

　　不管是有意或無意的公布客人的隱私，對旅館及管家而言都是一項極具殺傷力的事情，這會使得大眾對旅館不信任，覺得管家不專業，因此旅館管家必須做到非禮勿言，才能保證客人的隱私是被保護的。對旅館產業而言，客人的隱私是有責任保護及保密的，旅館絕不能隨意公布客人住宿期間內的所有事情，對管家而言，更是絕對不能公布。

案例分享7-5

大家跟著爆料

在台灣曾經轟動一時的社會新聞中，因為新聞事件的女主角是媒體人，因此引起台灣社會一陣譁然；因為現代科技的發達，演變成一日一爆，將事件女主角的謊言拆穿，當時占了所有媒體的版面，因此很多人開始主動爆料事情發生當天的情況，其中甚至有旅館內的員工爆料說曾經目擊事件男女主角房間內的物品，同時加以揣測其關係，當時的新聞炒得沸沸揚揚，但大家是否有想過，基於旅館的立場，絕不能公布客人相關的隱私，除非警調單位需要旅館配合，不然旅館絕不能做此行為，雖說這是旅館員工的個人行為，不是旅館公開的發言，但對消費者而言，這已經牽涉到旅館對客人的隱私保護問題，如果旅館的員工都是如此，只怕自己哪一天也會變成事件的主角，實在令消費者擔心。

若是一樣的事件再次發生，旅館員工換成旅館貼身管家出來主動爆料，試問：問題是不是會更為嚴重？消費者對旅館的信心會不會更受影響？

三、要小費

服務業的收入較其他產業而言是相對較低的，但工作量卻沒有相對較少，特別是旅館的管家收入沒有增加，工作量卻更多，這使得有些負面思維的管家認為可以以其他方面的收入來增加收益，加上旅館管家服務的對象經濟狀況都較為富裕，因此出手也較為大方，這也使得負面思維的旅館管家會以較明顯的態度提及小費的給予，或是以「提醒」的方式告知賓客或隨同人員，這會使得貴賓產生不舒服的感受，可能導致賓客認為旅館及管家的服務只為了換得金錢的利益，並不是真心想做好服務，因此即使旅館管家的服務再好，也會被大打折扣，所以專業的管家不應該為小利而損失了旅館及自我的形象。

案例分享7-6

要小費

　　對旅館產業來說，客人給小費是習以為常，但客人給小費的用意是謝謝服務人員的良好服務，當然良好的服務本來就是旅館的要求，因此對旅館的服務人員而言，只是做了本身該做的工作，至於客人會給小費是一種禮貌，同時也是感謝服務人員，但是顧客不給小費也是正常且合理的，因為台灣旅館的收費中已經加收了一成的服務費，也就是說旅館已經將服務人員所做的服務加以收取費用了，因此服務人員是不該再跟客人要小費了。

　　但是旅館業的某些服務人員因為常收到客人給的小費，因此他們認為那是理所當然，遇到沒給小費的客人就會認為是客人不對，甚至會以一些實際行動提醒客人該給小費；筆者在旅館服務時，曾經看到旅館員工幫客人把行李送到房間後，即便房間內尚有其他賓客，卻仍站在房間內等待客人的回應，這樣的等待動作十足讓人覺得不妥當，畢竟服務本來就是旅館應該提供的基本項目，怎能還跟客人要求額外的費用。

　　旅館的服務人員要小費是一件不適宜的動作，更何況是旅館的專業管家，因此希望所有現在及可能即將從事這項工作的人員能多用心想想，從事旅館管家是件榮耀且自我挑戰的工作，而不是為了實質的回饋。

客人給小費的用意是謝謝服務人員的良好服務

四、非法活動的安排

根據交通部觀光局「觀光旅館業管理規則」第20條中明文規定，觀光旅館業之經營管理，應遵守下列規定：

1. 不得代客媒介色情或為其他妨害善良風俗或詐騙旅客之行為。
2. 附設表演場所者，不得僱用未經核准之外國藝人演出。
3. 附設夜總會供跳舞者，不得僱用或代客介紹職業或非職業舞伴或陪侍。

也就是說，非法活動是不被允許的，同時也是觸法的，而在旅館管家任務中，最有可能發生的狀況是代客媒介色情或其他妨害善良風俗的相關行為，因此身為旅館的管家，雖然不應該跟客人說「不」，並努力將服務做到最完善且符合客需求，但是仍要緊守分寸。一般而言，旅館的從業人員只要跟顧客說明他們所要求的服務或協助是非法的，僅需要跟顧客說明 "It is illegal."，通常客人是不太會再要求安排及刁難的，畢竟這些行為牽涉法律的層面，是不可小覷的。

案例分享1-1

「台北市哪裡有唱歌的地方？」

　　在筆者的工作經驗中，有一位國際客人（老闆）與華裔的員工一起住在旅館內，其中這一位華裔的客人因為瞭解台灣的些許夜晚文化，因此有一天晚上他跑來問我說，台北市哪裡能唱歌？當時我跟他說了像是錢櫃或是好樂迪都是時下流行的地方，但答案似乎不讓他滿意，他繼續追問說是唱卡拉OK的地方，當時的台北已經較不流行這樣的場所，於是我告知他我會幫他做查詢的動作，他又繼續說是可以喝酒且有人陪你喝酒的場所，當時我恍然大悟，雖說台北市的林森北路充斥著很多這樣的地方，但我無法確定這些場合一定是完全合法，因此我提醒了客人台灣法律的相關規定，所以可能無法提供客人想要知道的答案，因為這涉及了法律的問題，所以必須是謹慎小心的，而這位客人在得不到他要的答案後，最後笑笑地說都是他的老闆想去看看，他早就已經告訴他老闆這是不可以的行為，但他老闆還是要他來問，這使得他很為難，但因為上下屬的關係，他只好硬著頭皮來問，雖然我心知這是他的個人行為，在問不到答案及尷尬下，才推拖到他老闆身上，而我也只能笑一笑，不便做任何回應。

Note...

Chapter 8

服務流程、標準作業流程
及管家服務的循環

➤ 服務流程
➤ 標準作業流程
➤ 管家服務的循環

服務業的特性不同於一般傳統的產業，通常服務業具有無形性、異質性、不可分割性及易消失性（Kotler, 1993），這些特性讓服務業在經營管理上有其因應對策，因此現在的旅館為了將無形的服務有形化，讓所有的服務不會因為人事物的差異而產生異質性，儘量維持在一定的標準範圍內，並且讓其品質維持在一貫的範圍內，不因為「人」的因素而產生服務品質的波動及差異，並減少錯誤的產生，所以將其服務流程標準化（Standard Operation Procedure, SOP），將其標準作業步驟以統一的格式敘述詳盡，用來指導和規範員工的日常工作，優化其作業品質，企業會提供員工實質的工作指導手冊，將工作細節進行量化，針對關鍵控制點進行量化及細化，同時讓員工清楚企業的目標為何、將如何達成及達成之品質依據。

而旅館中的英式管家所需提供的是更專業、更高品質的服務，所以旅館會更重視其服務流程之精準性及品質，所有的環節都不能出錯，才有可能達到更高水準的服務品質。從旅館內部管理層面來看，管家服務簡化

服務流程標準化可減少錯誤產生，提供優質穩定的服務品質

了服務的流程，並提高了工作的效率。從客人入住旅館的當下，管家就相伴左右，引領並協助客人辦理一切的手續，協調旅館的內外資源以充分發揮作用。旅館管家團隊是由高素質人員組成，他們的服務具有針對性和專業性，透過他們的努力，旅館的運營作業能更加順暢且高效率。雖然說每一次的管家任務都不相同，但有些基本的服務流程是相同的，旅館就會將其標準化，以確保每一次任務都能成功圓滿達成。

第一節　服務流程

Morris（1978）指出，所謂的流程（process）乃是為了某一特定目標或結果所需可產生附加價值且互相串連之一系列的作業活動；流程是可帶來結果或產生的一連串行動。通常又可將流程分為核心流程（core process）及基礎流程（infrastructure process）兩種。前者是為了與組織的營收密切相關且關於組織成效的流程，如行銷、研發、製造、服務客戶等相關的流程，而後者是為了提供各項支援以達成生活發展與競爭優勢的流程，如財務管理、人事管理、總務、法務等相關流程（Porter, 1985）。

服務流程就是服務提供的過程中所有要素的串連。Gronroos（1984）認為服務流程乃是由一個或一連串的活動所組織而成，目的就是為顧客解決相關的問題。因此服務流程即是將服務內容裡的各個項目依照其發生的先後次序連串而成，以達到最終服務產出的目的。服務流程也稱之為「服務分解」，即是將一套完整的服務系統，分解成多個服務項目，再將每一個服務項目，依照時間順序以及服務的前後次序串聯而成；或是將每一個服務項目，另訂標準作業流程，以協助現場服務工作可以更明瞭與更徹底，進而避免服務失誤、服務延滯等問題產生（陳澤義，2005）。

James和Mona（2002）提出服務流程包括了在前場（營業單位）和顧客有接觸互動的流程，以及在後場（管理單位）較無和顧客接觸的流程。服務流程可依據接觸互動的程度、勞力密集的程度、顧客化制度來區分其

特性。除此之外，服務流程也包括在服務傳遞過程中顧客的參與程度；顧客參與服務流程以增加生產力所扮演的角色，在服務業而言，顧客參與服務流程是一種很重要且特殊的特性；而電腦化資訊處理將在高科技、高接觸的服務傳遞系統裡扮演著一個核心的角色。

狹義的服務流程指的是服務程序，也就是服務的先後順序。廣義的服務流程則是整個服務提供的系統和服務提供的方法。亦即服務流程是服務組織向顧客提供服務的過程和完成這個過程所需要的要素組合方法，例如：服務行為、工作方式、服務程序和路線、設施布局、材料配送及資金流轉等（陳覺，2004）。

第二節　標準作業流程

標準是科學、計數和實際經驗所累積的總結，「標準化」是將工作人員無形的經驗轉化成有形的文字，是一種經驗的累積；在一定工作項目內，依據科學技術與實踐經驗的所有綜合結果，以制定標準和貫徹標準為主要的全部活動之過程；因此標準化的主要目的是讓事情合理、單純、統一、高效、省力，並且避免事情發生混亂、不穩及危險等現象。

一、標準作業流程之特徵

通常標準化具有以下三種特徵：

1.標準化主要是制定、貫徹及修訂標準的過程，此過程是不斷的循環。
2.標準的制定、貫徹、修訂是標準化的活動核心，也是標準化的基本任務。
3.隨著寫實經驗的種類和標準化的不斷深入，標準需要不斷的修改，

因為標準化是沒有止盡的。

二、良好標準的制定要求

一項優良標準的制定有其基本要求及限制，須滿足下述六點之要求：

1. 目標指向：標準必須是面對企業的目標，只要遵循企業制定的標準就能保持生產出相同品質的產品。因此，與目標沒有關係的語詞、內容就不應該出現，以免混淆不清。

2. 顯示原因和結果：要確認何項為因，何項為果，才能敘述詳盡、清楚。例如「正確地關上保險箱」。這是一個結果，並不是原因，所以應該描述如何正確關上保險箱。

3. 準確：要避免敘述抽象，例如：關保險箱時要小心。什麼是要「小心」？這樣模糊的語詞是不適合出現的。

4. 具體數量化：每一個閱讀標準的人必須能以相同的方式解釋標準。為了達到相同方式解釋標準，因此標準中應該多使用圖案和數字。例如，使用一個更量化的表達方式呈現，餐廳倒水約八分滿，依據杯子大小不同，可用水量ml呈現，如300ml。

5. 可實現：標準必須是可以實現的，也可操作的。

6. 修訂：標準在需要時是必須修訂的。在優秀的企業中，工作是按標準進行的，因此標準必須是最新的，且是當時正確的操作情況的反應。

三、標準作業流之優勢

製作標準作業流程對組織的成長有三項優勢：

1. 可作為訓練新進人員教學的題材：對於新進人員的訓練若是僅以口

耳相傳的方式做經驗之傳授，過程中除了會因為個人認為及認知上的誤差之外，對於細節也難免會有疏漏的地方。此時標準作業流程的程序書與指導書就可以提供一套最正確的操作標準以供參考，而避免上述問題的產生。

2.資深人員的經驗交流管道：當企業中不同的處、室或組，持續做改善作業流程的努力時，資深人員可以將過去的工作經驗轉換為可流通的文字記錄，同時在彼此模仿、互相交流或標竿壓力等改進的動力之下，即使資深人員也能有改善的空間與管道。

3.組織知識的累積：「組織學習」必須依靠「個人學習」累積而成，但是個人知識的累積不一定能累積成組織的知識。其關鍵是在於良好的流程與優秀的技術可否藉由制度化與文件化的方式，成為組織既定的規範與標準，不會因為人而改變，因此最佳作業流程的製作，有助於企業累積組織的知識，特別是服務產業。

四、標準作業流程之益處

現在大部分的企業都努力制定該企業的標準作業流程，主要是因為有以下的益處：

1.確保品質：作業程序統一，企業中的任何單位及成員均按照規定執行，可減少不必要的摸索、錯誤與缺失的產生。

2.權責劃分明確：讓執行的工作人員可以清楚瞭解自己本身的權責與該執行的業務及工作內容。

3.促進效率：大部分作業流程可依照標準作業程序進行，其餘的心力則專注在處理小部分重要或是突發事件的流程，以提升其效率；且制定企業適宜的SOP，可以提醒專案人員所有應辦事項，避免遺漏。

4.教育及訓練：SOP可提供員工不斷的學習及教育。

5.有利於資訊的蒐集與彙整。

第三節　管家服務的循環

對於服務人員而言，不論服務對象爲誰，都要爲其提供優質的服務；雖說管家因爲服務客人的不同，其服務也會因此有所差異，但在提供服務前，總有一個順序和流程，以備客人提出一項需求時，這項需求及相關處理方案已經在管家清單中了，這才是好的服務。

款待的循環（**圖8-1**）是幫助管家預見客人的需求，並且準備好不同層級的需求，時時刻刻準備好下一步，甚至更遠。

圖8-1　款待的循環

一、準備

　　當管家接收到管家服務任務時，需要準備些什麼，以備不時之需，並且讓服務更加流暢。

(一)準備好自己

　　在為賓客提供優良服務前，需要準備好自己，才能盡力為客人服務。而管家需要準備好自己的部分包含：

　　1.得體的微笑。
　　2.精神與身體健康。
　　3.管家準備室。
　　4.每天可能發生的挑戰。

專業管家須準備好自己，才能為賓客提供優質的服務

5.正確的心態、知識與技能。

6.無可挑剔的儀表。

(二)爲客人做好準備

在客人抵達前，專業管家需要爲客人準備相關的事宜，讓客人的住宿體驗是愉悅的，且管家能預見客人可能的需求，爲客人事先準備的事項包含：

1.天氣。

2.相關聯絡人的聯繫。

3.房間細節。

4.特殊需求的安排。

(三)組織系統的準備

再優秀的專業管家仍需要組織系統的支援及協助，其中包含了：

1.支援團隊。

2.設施及聯絡。

3.工作檢核表。

二、迎接客人

迎接是讓客人感動的時刻，也是住宿體驗的開端。當客人接受到熱情殷切的歡迎後，可能因此產生正面且親切的感受，因此開始接下來的住宿體驗。而在迎接客人時，需要注意的是：

(一)第一印象

通常人們記得最清楚的印象總是最先及最後的幾秒，因此管家需要

非常注意自己的第一印象，包含：

    1.得體的微笑。

    2.得體的言語。

    3.親和力。

    4.展現良好的傾聽技能。

    5.舒適的環境。

(二)抵達的服務

當客人抵達旅館後，管家需要透過以下步驟讓客人感受順暢且快速的服務，其步驟包含：

    1.機場、碼頭或車站的迎接。

    2.提供交通工具。

    3.旅館大門的迎賓。

    4.引導至客人房間。

    5.介紹旅館及相關設施。

    6.介紹房間。

    7.住房登記作業。

    8.打開行李協助就位。

    9.協助衣物送洗或整燙。

三、聯繫

當迎接完客人後，接著進入管家服務循環的第三環節——聯繫。聯繫包含很多面向，也包含很多方法，但最終的目的就是和客人建立「信任」。服務牽涉到整個組織，包括前臺與幕後，而專業管家的表現是致勝關鍵，因此，管家是聯繫客人的最重要一環。

(一)溝通

溝通是聯結顧客的關鍵,因此當旅館管家進行溝通時,要意識到期溝通方式與別人對管家的感受,這是非常重要的。溝通包含:

1. 語言:
   (1) 7%的言詞＝說了什麼。
   (2) 35%的語氣＝怎麼說的。
2. 非語言:55%的非語言＝肢體語言。

案例分享8-1

為了避免各國發音的不同而產生的誤解,熟悉國際拼寫單字表將有利於管家任務中的溝通。

A	Aipha	N	November
B	Bravo	O	Oscar
C	Charley	P	Papa
D	Delta	Q	Quebec
E	Echo	R	Romeo
F	Foxtro	S	Sierra
G	Golf	T	Tango
H	Hotel	U	Uniform
I	India	V	Victor
J	Juliet	W	Whiskey
K	Kilo	X	X-ray
L	Lime	Y	Yankee
M	Mike	Z	Zulu

(二)傾聽

　　靜心傾聽是溝通最困難的一部分,因此需要花時間來傾聽,以確保有接收正確的訊息。傾聽不僅是傾聽言詞,更包含很多方面,這些都反映出客人想表達什麼。

　　1.言詞:
　　　　(1)說了什麼。
　　　　(2)沒說什麼。
　　　　(3)是否理解。
　　2.語氣:
　　　　(1)語調。
　　　　(2)聲音大小。
　　　　(3)聲音起伏。
　　3.肢體語言:
　　　　(1)眼睛／眼神。
　　　　(2)手。
　　　　(3)腳。
　　　　(4)肢體動作。

(三)服務的交易

　　服務的交易指導管家如何處理客人的任何請求、問題與需求。身為一名管家,應當充分理解客人的需要、想要或期待是什麼,更重要的是千萬不要「不懂裝懂」。服務交易是為了建立客人對管家的信任,包含以下四步驟:

　　1.尋求訊息。
　　2.提供訊息。

3.提供額外的訊息或服務。

4.觀察客人是否滿意。

(四)禮儀

擁有禮貌和禮儀是讓自己與他人感覺舒服，使其生活更加優雅、愉悅和輕鬆。身為一名管家，需要注意的禮儀有：

1.尊稱。

2.介紹。

3.握手。

4.服裝要求。

5.用餐及會議的座位禮儀。

6.迎接客人。

7.餐桌服務。

8.引導客人。

9.開門或開車門。

10.電話禮儀。

四、提供奢華

奢華，因人而異，可能因為收入、年齡、需求及背景而有不同的感受。要提供客人奢華，需要先有自信，並且要成為淑女與紳士，表現得彬彬有禮，知道什麼事情是合宜的。提供奢華的面向包含：

(一)餐飲服務

1.如何服務咖啡。

2.如何服務茶。

3.如何服務魚子醬。

4.如何服務松露。

5.如何服務起司（cheese）。

6.如何服務雞尾酒。

7.餐桌服務。

8.花的安排。

(二)奢華服務

1.燙報紙。

2.床單的陳設。

3.開夜床服務。

4.皮鞋的保養。

5.整燙衣物。

五、離開

　　管家服務循環的最後一個環節就是送客人離開，對私人家庭而言，可能是循環的第一步驟，但對旅館而言，卻是最後一步驟。身為一名專業管家，需要確認想留給客人的最後印象是什麼，以此為出發點，亦或是將自己置身於客人立場，希望得到什麼樣的對待及服務，如此即成為客人離開時的相關工作內容。同時管家需要確認客人的滿意度，並為客人的下一次來訪而準備。

(一)準備

1.旅行管理。

2.安全。

3.保管好客人的物品。

4.旅程的舒適。

5.其他服務及支援。

(二)交通的安排

1.飛機的安排。

2.同行寵物。

3.時差。

(三)住宿預訂

1.地點。

2.品牌偏好。

3.房型偏好。

4.日期。

5.房價。

6.聯絡方式。

7.特殊需求。

(四)打包行李

1.準備相關工具。

2.確認打包物品。

3.打包。

4.製作打包行李備註圖或表格。

(五)退房

1.確認帳單。

2.協助付款。

3.確認所有物品已帶齊。

4.引導客人離開。

5.確認顧客住宿體驗。

(六)客人離開

1.客人資料存檔。

2.分享於團隊。

3.準備客人的下一次來訪。

Chapter 9

旅館英式管家之服務流程

➤ 旅館管家的先前準備工作
➤ 旅館管家的迎賓作業流程
➤ 賓客在住宿期間之服務
➤ 管家任務結束之相關工作流程

 第一節　旅館管家的先前準備工作

在旅館中的管家任務開始之前，會有一些行前準備工作，以協助任務進行中的流暢度，在貴賓抵達前的準備，包含VIP的相關資料準備（如背景、性別、年齡、身分、習慣、禁忌、喜好等）；同時貴賓入住旅館期間之動向瞭解、對相關細節加以確認、房間的設施與設備及接待的細節準備等；而接待方、聯絡人、航班抵達時間、預計到店時間、車隊安排、紅地毯、迎賓花束等也是不可遺漏的相關訊息及事前準備。而管家的先前準備工作流程包括了：

一、行前會議

通常是由旅館的高層主管主持，公布此次入住貴賓的相關事宜，協調各部門相關之配合工作，同時將此次管家任務的擔任者介紹給所有部門主管，並要求所有相關部門大力協助管家任務的執勤。

二、客人基本資料之蒐集

藉由旅館業務（通常需要管家的貴賓皆由旅館業務進行洽談及溝通）所提供客人的相關基本資料外，管家需要再做更深入的資料蒐集及研究，包括客人的企業、公司文化、個人喜好及興趣，甚至是負面新聞或官司等，現今科技的發達就是一項便捷有利的搜尋工具。

三、旅館菜單及酒單之準備與研讀

　　管家須將現有旅館中所有餐廳的菜單及酒單事先備妥於貴賓房內，特別是room service的菜單；因為貴賓在旅館房間內用餐的次數及頻率是不一定的，但幾乎都會在旅館內使用早餐或飲用飲品等，因此菜單及酒單的提供是必備的。

　　管家須事先研究旅館中的菜單及酒單，以增加其瞭解及熟悉度，特別是在口味、烹調方式及食材認識上下功夫，如果有不懂的地方，一定要提前請教旅館的廚師及吧檯，確保自己瞭解透徹，以防被客人問倒，同時可避免安排賓客不吃的口味或食材。

管家須事先研究旅館中的菜單及酒單，以提供賓客最適當之建議

四、餐具的準備

　　將所有貴賓可能會用到的餐具預先準備好，其中應包含中西式餐具、杯組，並準備足夠的數量，將準備好的餐具及杯組放置於貴賓房間的廚房內，切記須整齊有序的擺放；通常旅館針對入住總統套房的賓客有專屬的餐具及杯組，以顯示其高貴及華麗。

五、管家裝備的準備

　　管家須將任務期間內可能用到的物品及設備準備齊全，事先放置於管家的房間內，例如文具用品、購物袋、打包用品、擦鞋器具、旅館及所在城市的相關介紹、地圖及導覽，以及管家自己的相關裝備（制服、皮鞋、髮膠、儀容用品及衛生用品等）。

將高級餐具備妥，放置於貴賓房間的廚房內

六、貴賓房間備品的準備

　　通常貴賓預計入住的房間內會事先準備迎賓及特殊要求的備品，例如：花瓶、健身器材、相關電腦設備等，特別是客人事先要求的備品一定要事先準備就緒，同時確認操作正常，並放置於房間內。

事先準備好迎賓花卉、禮品及備品等，特別是賓客要求的特殊備品

案例分享9-1　　　　怎麼會有這麼多種可樂？

旅館的管家針對客人所提出的特殊需求要有「使命必達」的決心及毅力，克服所有的問題及困難，將客人所要求的事項完美呈現於他的面前，當然這中間的努力過程勢必會有些大小不等之困難及坎坷，這就得看旅館及管家的智慧了。

筆者曾經服務過一位貴賓，僅短短停留兩天一夜，但他的基本資料中竟出現了偏好不同口味的可樂，其中又以櫻桃口味的可樂為最喜愛的飲料；當時台灣進口的可樂中僅有一般口味、低卡、zero及香草口味，於是我幾乎找遍了全台北市的一般超市、美式超級市場，就是苦無蹤跡。最後我跟旅館主管匯報此困境，幾經討論打算放棄之餘，恰巧旅館內的某位高層主管因為有朋友即將從國外來訪，而且時間是在貴賓入住前幾天，於是請主管的朋友特地帶來，這遠渡重洋的可樂讓我見識到了旅館的努力及聰明，也見識到了可樂的口味竟如此千奇百怪，只是台灣沒進口罷了！當然這次的管家任務在大家的努力下圓滿順利完成。

七、相關人員的最後確認

管家須和貴賓的相關工作人員作最後的確認動作，通常在台灣會有其代理人或聯絡人，例如：外交部、經紀公司。藉由確認的動作以掌握賓客所有的最新動態消息，如貴賓的航班、抵達時間、既定安排的行程等，其中須留意是否有新增行程或原訂行程之異動，以聯繫相關部門確保其準備是否合宜或變動，同時藉由再次確認工作表示旅館的重視與細心謹慎的服務。

八、最後確認及檢查

所有相關準備工作完成後,逐一確認及檢查,以防有任何疏失及遺漏的地方,通常旅館內的高層主管也會做最後的檢查工作,若是外交部的任務則需要配合警務人員維安之檢查及確認,將所有可能的失誤及危險降至零,並且掌握現場所有相關訊息。

案例分享9-2

台上一分鐘,台下十年功

為了成就旅館管家的專業服務,對管家及旅館而言不是偶然,而是要歷經不少的時間努力及克服一切困難,才能將完美的一切呈現於客人面前,當中之辛苦,不在話下,「如人飲水,冷暖自知」道盡管家幕後的酸甜苦辣,也只有自己親身體驗過,才能深刻體會其中之道理。

在筆者的印象中,所有的管家任務結束後,心中常會有一種感觸,先前的準備工作遠遠超過客人停留時間,即使客人僅停留一個晚上,所有的事前會議、準備工作、部門協調等相關事宜並不會因此而減少一絲一毫,所有的辛苦及努力就是為了得到客人的一個微笑、一句謝謝;當然成功也絕非偶然,如果旅館及管家是臨時抱佛腳,那一定是漏洞百出,為了避免這種窘境發生,所有的專業訓練絕不能停擺,雖說需要耗費旅館不少的時間、人力及金錢,但這是勢在必行的,因為大家心裡明白——為了台上那一分鐘的演出,需要花上長時間的努力累積功力,才能獲得在場觀眾的最後掌聲及喝采。

九、貴賓房間上鎖

在所有的檢查完成之後，將貴賓的房間上鎖，以杜絕其他不相關的人員再次進入房內，並且確認所有維安工作完成後，沒有閒雜人等再進入房內，以確保貴賓之人身安全（此動作非常重要），若是有非得再次進入房內的原因及理由，管家一定要在現場陪同，以確保房內所有準備就緒的事項及物品沒有被變更過。

第二節　旅館管家的迎賓作業流程

當所有的準備工作就緒後，管家就要等待貴賓的到來，待命的同時，管家須將自我的狀態調整至良好的情況，包括心理及身體部分，讓所有的賓客留下第一個良好的印象，其中包含旅館高層主管（通常為總經理）接待客人；到房間後奉上迎賓茶和熱毛巾；管家自我介紹；講解房間的設施設備及旅館內的其他營業場所；協助行李的整理；在退出房間時，於房間外的等候等等流程。

一、迎接貴賓

通常旅館的管家會在預定入住的房間門口等待貴賓的到來，而大門的迎接工作通常是由旅館的主管及貴賓接待的同事負責，他們負責將貴賓及隨行人員引導至預計下榻的房間樓層，而管家則是在房門口前待命迎接此貴賓。

管家在房門口迎接貴賓的到來

二、奉迎賓茶及熱毛巾

　　當所有的隨行人員陪同貴賓進到房間後，管家應於廚房內準備迎賓茶（一般建議是台灣茶葉，不要使用茶包）及熱毛巾，等待所有賓客坐定位後，即開始奉上現沖泡的迎賓茶及熱毛巾，奉上迎賓茶的順序應先從管家所要服務的貴賓為第一優先，則後依序奉上。

三、自我介紹

　　待所有賓客與貴賓的談話告一段落後，管家則趁空檔自我介紹，告知貴賓自己是他的專業管家，會在他的住宿期間內提供全天候的專人服

務，同時遞上自己的名片給貴賓，切忌絕不能在所有賓客還未結束談話時，就急於介紹自己給貴賓而中斷他們的談話。

四、房間及飯店介紹

當所有的客人離開房間後，管家應該開始介紹此次貴賓所入住的房間，特別是房間內的裝置及旅館的設施，例如：特別準備的迎賓禮品及香檳、房間內的餐廳、廚房、衛浴設備、旅館內的健身房等，提供正確的訊息讓貴賓瞭解在他的住宿期間內，有哪些設施可以提供及使用，並讓賓客知道管家可以協助提供相關服務，並讓貴賓於住宿期間有不同的旅館設備及活動可增加其住宿豐富度。

五、協助行李的整理

旅館內的行李員會將貴賓隨行的所有行李送至房間內，此時管家需現場查點行李數量及完整性，並且詢問貴賓是否需要協助將行李裡的所有物品整理放置房間內；若是貴賓需要此項服務，務必事先詢問客人有哪些需要注意的事項，以及貴賓習慣的物品擺放位置，以遵守貴賓之習慣及要求為整理原則。

六、退出貴賓房間

當所有事項處置完畢後，詢問貴賓是否還需要任何服務（如餐飲服務），若是貴賓沒有其他的要求，則管家應該離開貴賓的房間，讓長途跋涉的貴賓好好的休息，而管家在離開房間前須告知貴賓自己的房間，讓他確切知道你的所在位置，以方便他能隨時找到你，在退出房間後，須於門外等待一段時間，以確保客人不再需要任何服務。

案例分享9-3

迎賓禮物的用心

　　不同的旅館，針對貴賓所提供的迎賓禮物各有不同，主要是依據賓客之重要層級及旅館成本考量，在筆者之前服務的飯店，針對入住總統套房及僅次於總統套房的特級套房，會提供英式管家服務，而在迎賓禮物中，除一般迎賓水果（以台灣當季特別的水果為主，如蓮霧、蜜棗、芒果等）外，會特別為賓客量身打造和貴賓相關的禮品，以表示旅館對客人的用心及在乎。

　　其中旅館曾為某知名導演設計一座巧克力獎盃，因為當時他才剛拿到這項獎盃，且這座巧克力獎盃設計了許久的時間，同時為維護成品的完整，將房間之溫度調整到較低的溫度，就怕巧克力獎盃因高溫而溶解，無法讓此貴賓感受到我們的用心。也曾為某知名國際好萊塢巨星打造專屬的蛋糕，其蛋糕造型是採用他來台宣傳電影中的角色，在他下榻至總統套房時，看到我們精心為他設計的蛋糕，他笑著說：「It's so cute.」。而旅館針對所有入住總統套房的女性賓客提供專屬女性的貼身用品，像是絲襪、化妝水、化妝棉、去光水等，同時提供國際品牌的香皂供她們挑選，讓她們感受不同的貼心照顧。

　　雖說這些迎賓禮物的成本並不是多高，但設計的用心是很真誠的，主要就是要讓貴賓感受到旅館的貼心及在乎，對這些政商名流而言，什麼樣的奢華產品他們沒有見識過，唯獨「用心」是不容易感受到的，誰說花大錢才能得到客人的青睞及笑容，真正昂貴的是「心」的服務。

迎賓水果

第三節　賓客在住宿期間之服務

英式管家在客人住宿期間是二十四小時待命，同時也是二十四小時的服務，只要是服務的賓客在任何時間有任何的需求，都要配合性的達成。由於是二十四小時服務貴賓，因此旅館管家通常會住在客人的隔壁，以確保能在最快速的時間內到達賓客的房間。每天，管家會依據客人的日程表，提早起床，守候在客人的門口，保證他們「一天中最早見到的人是管家」；晚上，不管客人多晚回來，管家仍必須守在門口迎接，如果客人還沒入寢，管家也不能睡；即便已經睡著了，如果客人臨時有事，需要召喚管家，他們必須立刻起身，服裝儀容完整的在第一時間到達客人的房門口。

通常管家在迎接貴賓的到來後，接著就是住宿期間的一連串服務；賓客住宿期間所需要的每一項服務皆是管家最重要的任務，同時也是最辛苦及最艱難的部分，特別是壓力及體力的部分。其中管家需詢問相關隨行人員或客人本身以瞭解賓客之每日預定行程，早、午、晚餐的時間及相關餐飲喜好及忌口，每天離開旅館的時間和回旅館的時間、晨喚時間等相關訊息。

一、Wake up call

旅館中的管家每天必須幫貴賓設定morning call，在接近設定的時間時（通常提早五至十分鐘），就應該著裝完整到貴賓的房門前準備，待設定時間一到，以敲門的方式告知客人時間，同時確定客人已經起床後才離去準備客人的早餐；切記客人設定的morning call時間一到，是由管家親自去告知客人時間，而不是由總機以電話告知客人。

二、報紙之準備

通常旅館房客的報紙是由服務中心的人員於早上掛在客人房門口，而管家須將貴賓房內所需的報紙拿到自己的房間親自整理過後，才親自送到貴賓房間的書桌上，若是當天報紙有報導相關此貴賓的新聞及圖片，則需將其版面調整到報紙的最首頁，整齊擺放至桌上，以方便客人查閱。

案例分享9-4

燙報紙的由來

早期的英式管家需將主人的報紙用熨斗燙過，主要是怕報紙的油墨弄髒主人的手，同時具有殺菌之作用，但現在的管家較不做這個動作了，主要是因為科技的發達，使得現在的報紙油墨不像以前會沾手，因此現在的管家就不需再做這項工作，但是專業的管家應該是需要整理主人即將閱讀的報紙，主要是將主人喜愛的話題及報導放置前頁，以方便主人閱讀，同時自己需要瞭解主人所看的報紙有哪些內容，才能和主人共同聊天及討論。不管時代的進步會使管家的工作如何變遷，但是凡事為主人著想的概念是不變的。

三、準備早餐

管家應於前一天晚上詢問貴賓對早餐的偏好，若是客人沒有特別的指示，則由管家為客人訂餐；當管家在時間許可下，應親自到room service去檢視早餐的準備狀態，以確保其品質及時間的控管；管家須將備

管家服務

管家須將備妥的早餐餐點服務給貴賓

妥的早餐放置於貴賓房間內的廚房，再以拖盤親自將早餐餐點服務給貴賓；在早餐服務之前，需將餐桌上之餐具擺設完成，以便貴賓之使用，而餐具之選用則根據餐點之特性，如中式早餐是擺設筷子及湯匙等餐具。

四、貴賓出門前之準備

通常在賓客出門前最需要服務貴賓的事項就是將貴賓打算要穿的衣服整燙過，至於其他的貼身服務，如服侍更衣或衣服配件之搭配，較少發生在旅館管家的身上，因為旅館管家不像家庭中的私人管家如此熟悉客人的平時習慣及偏好，加上客人對旅館管家之信任度也不及於私人管家，因此比較隱私的服務較不常落在旅館管家的身上。但管家仍需要於客人出入前後十五分鐘於門口等候，並通知相關單位準備及控制專用電梯。

(一)整燙衣服

在整燙衣服上，管家需要留意的事項如下：

1. 收到衣物時，需要事先檢查衣服狀態，確認衣服是否有破損或衣褲口袋仍有東西等。
2. 確認衣物材質，提供正確洗滌及整燙方式。
3. 確認整燙衣物的需要返回時間，以確保衣物能在客人要求時間內送回客人房間以供使用。
4. 整燙完畢的衣物檢查，以確保衣物是乾淨整齊並且數量正確，其中特別要留意的是衣物的領口、袖口是否乾淨平整，衣服的肩線是否整齊且整燙平整等細節。

(二)擦鞋服務

在提供擦鞋服務前須準備的備品及注意事項如下：

1. 鞋油及鞋蠟：不同的鞋子顏色所選擇使用之鞋油及鞋蠟就應該不同，鞋油及鞋蠟的顏色從棕色、黑色以及一些中間顏色，盡量用和鞋顏色相近的鞋油及鞋蠟。鞋油的功能是補色及修護；而鞋蠟的作用是給予皮革光澤度以及提供皮革與外界水氣的些許隔絕、刮痕保護作用，一般建議管家提供之擦鞋服務是鞋油及鞋蠟皆要使用。
2. 鞋刷的挑選：鞋刷的長短及形狀因人使用而異，但在鞋刷毛料的選擇上比較重要，擦鞋用的建議選擇馬毛類鞋刷，原因在於馬毛的纖維較韌，卻不會太堅硬而刮傷皮革。
3. 軟布：是擦鞋服務的拋光布，其材質如麂皮、羚羊皮或棉布皆可。一般建議不同顏色的鞋油就有專屬各一不同的軟布。
4. 工具箱：將各式各樣的擦鞋工具及備品集中放置於工具箱內，以利管家使用且視覺美觀。

整燙衣服與擦鞋服務常是賓客出門前最需要的服務

案例分享9-5

擦鞋服務之步驟

1. 準備擦鞋用品：準備適當的工具讓鞋子更光亮，通常包含鞋油、鞋蠟、鞋刷及拋光布。

2. 準備工作地點：找一個適合的地方，避免鞋油把任何家具或地板弄髒，建議於地板鋪上一層紙以防弄髒地板，且可收集整理皮鞋所掉下來的灰塵及石礫。

3. 將鞋面上的灰塵清理乾淨：在開始拋光之前，須使用鞋刷把皮鞋表面的汙垢、灰塵或其他碎片清理乾淨。這是非常重要的步驟，因為如果表面有任何碎片的話，拋光的時候可能會刮傷皮革。

4. 擦上鞋油：使用軟布或拋光刷在第一隻皮鞋表面均勻地塗上一層鞋油。以轉圈方式進行擦拭動作，以確保鞋面每個地方都有塗上鞋油。特別注意鞋尖和鞋跟的部分，需要額外多上一層鞋油，因為這些地方磨損的最嚴重。

5. 使用鞋刷刷去多餘的鞋油：一旦鞋油乾了，就可以開始用鞋刷除去多餘的鞋油。刷除位置重點在於鞋頭雕花處、皮革拼接處以及鞋邊縫隙。

6. 進行打亮程序：選擇合適鞋蠟顏色，建議先以棉布抹上一點鞋蠟，將整雙皮鞋塗抹上薄薄一層鞋蠟，再針對特別光澤處另外加強，使用工具或棉布將皮革上的鞋蠟輕輕推開，當鞋蠟被推開後就會呈現油光。打亮動作需要時間及耐心，需要一層一層慢慢的上鞋蠟，再一層一層的推開鞋蠟，直到呈現光亮。

準備適當的擦鞋用品

五、整理房間

在貴賓外出後，旅館管家會立即通知房務部清潔人員整理房間，而管家則需要全程參與整理過程，期間需巡視房間狀態，以確定客人的偏好，同時將房內該替補的水果及冰箱的飲料，一併補齊，並留意客人對哪些東西特別喜好，則可預先多準備其數量以供客人使用，若是相關檢視及換補動作完成後，旅館管家需協助房務人員整理房間，以確保其清潔品質。

六、其他餐期之服務

若是貴賓回到旅館後，需要於房間享用午、晚餐，其菜色之搭配則由管家負責，管家須特別留意客人不吃的食物，同時叮嚀廚房留意，所有準備妥善的餐點應予以保溫，按照出菜順序服務賓客，故保溫的器材是極為重要的。

旅館管家需協助房務人員整理房間，以確保其清潔品質

案例分享9-6　　管家餐飲知識及服務技能之介紹

　　對旅館管家而言，賓客在住宿期間內所需的服務中，「餐飲服務」所占的比例是占很大的部分，其中相關的餐桌禮儀、餐桌擺設、餐飲服務禮節及服務技能是很重要的細節，其介紹及解釋如下：

一、餐桌禮儀

　　合宜的餐桌禮儀是用餐期間的潤滑劑，同時也是讓同行人員留下美好印象的重要因素之一，因此對管家而言，不僅對餐桌禮儀要瞭解，更是要身體力行，其中包含以下事項：

(一)座位

　　所有的賓客應該等主人就座後，才依序入座，而管家應該是幫忙將椅子拉開，以協助賓客入座，尤其是女性的賓客更是需要此項服務。

(二)左右餐具及食物之辨別

　　通常左邊為固體食物，如麵包，而右邊則為液體，如水、紅白酒，客人才不會混淆桌上的食物哪些是自己的，或是吃了別人的麵包等窘境；所有餐具的使用原則皆由外而內開始，因此管家須謹記此禮儀，以助於自己在工作時做餐桌的服務。

(三)口布

　　管家應該於客人就座後將口布輕放於客人的腿上，而口布僅止於用來輕拭嘴上的髒汙及水漬，絕不是用來擤鼻涕，因為口布需要接觸到客人的嘴巴，所以管家應儘量避免口布與手的太多接觸，最好是穿戴手套服務，提供客人衛生的口布使用。

(四)餐具的使用

基本上餐具的使用原則是左叉右刀，除了義大利麵左湯匙右叉子，蝸牛叉在左邊外，管家需要遵守此國際通用的原則，以免出糗及造成賓客不便；用餐期間是不允許用刀子指向同桌用餐的客人，這是非常不禮貌的行為，管家更是不應該犯此錯誤。

(五)開始用餐

所有客人應該等待主人開動後才開始用餐，因此管家需要迅速的將所有賓客的食物送至桌前，讓大家同時開動使用，不該讓客人等候太久。

(六)其他

大家一起用餐，也是一種社交活動，應該遵守社交該有之規範；用餐期間不談敏感性的話題（如政治、宗教、薪資等）或批評主人所準備之菜餚，同時更不應該滿嘴食物時說話或喝醉。

二、餐桌擺設

餐桌之擺設為避免雜亂，桌面上僅以三副餐具為主，若是服務的菜餚需使用超過三副之餐具，需等待收走使用過的餐具後才依序補齊；合宜的餐桌擺設不僅視覺上舒服，同時也讓客人能一目瞭然而知道如何使用，桌面可鋪上桌墊及檯布，不僅增加視覺的美感，同時減少餐具碰撞所產生的噪音。餐桌上除了使用的餐具外，應該還要擺設上其他的相關備品，如胡椒罐、鹽罐，以方便客人用餐時的佐味；而其他裝飾用之備品（如花瓶）也是不可或缺的裝飾。

三、餐飲服務禮節

基本上餐飲服務禮節是依據國際禮儀的規範，但還是會根據所服務的對象之國家、文化等不同而有所差異；合適的餐飲服務禮節能使賓客對用餐品質及環境感到舒適，合宜的禮節不僅要遵守餐飲服務的規則，專業

及細心體貼的服務態度也是不可或缺的。在餐飲服務的規則下，管家在上菜時手指僅握住盤子的邊緣，不該碰到客人及將食用的食物；同時以順時針方向依序服務，一般建議管家在服務每一道菜餚時，進出餐廳及廚房的頻率不可過高（一般建議進出不超過四至五次），以免打擾客人用餐，其他相關的規則敘述如下：

(一)賓客服務順序

管家在服務餐飲的順序上，需謹記女士優先、職位高低及年齡為優先原則。

(二)酒杯及水杯的服務

即使客人不喝酒，酒杯仍是需要留在桌上（除非客人主動表示需要先收走），而水杯也是一貫的留在餐桌上，須隨時注意杯內的水量，需要時即時倒水；若是用餐期間是飲用同一瓶紅酒，則無須更換酒杯，但若是更換成不同的紅酒或其他酒類，則需要更換乾淨且適合的酒杯提供客人使用。

(三)正確點菜及服務流程

針對客人所點的餐點或特別要求的事項，需要正確的達到客人的要求，一般建議管家在接受賓客點餐時，需詳細記載客人所點的食物及特別的要求（例如不吃豬肉、牛肉或海鮮等），在結束點餐後，依序複誦客人的餐點及要求，確保沒有遺漏事項；在餐點的服務流程上，須遵守由生食到熟食、口味由淡到濃的順序。

(四)清理桌面

旅館管家在清理使用過的餐具、酒杯及餐盤時，需留意不可製造出擾人刺耳的噪音，也不可在客人面前將餐盤堆疊過高；在服務甜點前，管家需將所有的餐具撤走，保持桌面整齊清潔，僅留下使用甜點的餐具。

(五)服務態度及應對禮儀

很多吃飯的場合,不僅只是聚會吃飯,同時是有社交的功能,因此賓客常會在用餐期間聊天,或結束後繼續暢談,旅館管家在服務時,不像餐廳有營業時間之限制,因此需要全程等待賓客結束,所以「耐心」是必備的服務態度,同時藉由合宜的應對進退禮節,展現旅館及管家的專業態度。

旅館管家須瞭解餐飲服務的相關知識與技能

七、就寢前的相關服務

　　大部分的貴賓在忙碌一天之後，通常會希望在入睡前有一些放鬆的活動，例如喝點小酒、按摩等，而旅館管家須協助安排，其中需特別注意的是若是賓客想在房內按摩，須先將按摩床搬至房內，若是沒有按摩床，則由房內的床替代，但須注意按摩後仍要再次整理床單，以維持其清潔。根據台灣的法令規定，可到旅館房內提供按摩的是全盲按摩師，因此旅館管家須特別留意相關之規定並告知客人此項規定，詢問客人是否接受。同時於客人就寢前，詢問客人明早的morning call時間及早餐要求，讓管家有充分時間準備，提供完美的服務；而在賓客休息後，管家須於房外待命，以確定賓客已經休息，不再需要任何協助及服務，管家才能回自己房內休息。

第四節　管家任務結束之相關工作流程

　　貴賓在離開前，總會有很多事情需要處理，例如：在貴賓退房前準備好住宿帳單，由相關人員確認，並通知旅館內之高層主管歡送。

　　而旅館的管家則需要提供適當的協助，其相關的事宜如下：

一、確認航班

　　管家應主動詢問貴賓之航班，確認其航班是否有任何更動，同時詢問是否需要安排禮車送機，而管家自己須清楚時間的拿捏，在時間內將所有協助結束的工作完成。

二、打包行李

　　針對客人即將要打包的行李，須特別注意所有東西皆要全數整裝進去，不能有任何遺漏，專業管家一般會使用襯紙精緻地疊好襯衣和西服，再把衣服規則地放置於行李箱中，接著把小件生活用品等放置於空隙之中，並詳細記錄行李箱編號和箱內所有物品的清單。打包行李的同時須特別注意易碎物品的包裝、行李箱空間的運用、整齊度的考量等，因此賓客的行李打包是一門學問，需注意以下細節：

1. 易碎品在收置時可加裝泡棉等緩衝物品，以免運送過程中碰撞而破損。
2. 行李的打包需注意空間的運用，例如較大及較重的物件先收入行李箱，而可摺疊捲起的衣物，放到最後及最小的空間內，將行李箱內的空間盡可能放滿，也是減少物品因碰撞而破損的機會。

幫賓客打包行李時須將所有物品全數整裝進去

3.行李箱空間需要充分利用，但整齊度亦需考量進去，所有物品在收納時，應該是有條有理的，特別是客人回家後打開行李箱時，應該呈現整齊清潔的畫面。

4.對於較貴重的皮件及皮鞋可適度使用防塵袋以減少破損，同時維護行李箱內的清潔。

案例分享9-7

洋管家薪情好　大畢生競投入

學折疊衣物、舉托盤，還須通曉多國語言

根據《旺報》在2012年5月14日的報導指出，在一場為雇主準備商務出行的行李箱操作示範中，只見一位「管家」用襯紙細緻地疊好襯衣和西服，把衣服規則地放置箱中，接著把小件生活用品等置於空隙，並詳細記錄行李箱編號和箱內物品清單，整個過程才十分鐘。

一位女管家在測試後告訴記者，外方培訓師的考核是相當嚴格的，他們要在最短時間內為商務出行的雇主整理好行裝，以便其能趕上最早航班。其中，不僅收拾行李箱的空間要充分運用，而且所折疊好的衣服不許有難看的褶皺。

同時另一位女學員提到在培訓中吃了不少苦，她表示，在練習宴會中的手舉托盤儀態時，走了幾圈後就閃了腰，後來在外方培訓老師指導下，逐漸掌握用腿部力量分擔壓力的竅門。

來自英國專業管家協會的資深培訓師蓋瑞告訴記者，他們協會在英國培訓的普通級別的私人管家年薪約50萬元人民幣，高級私人管家的年薪達數百萬元。高級管家要通曉多國語言，不僅能擔當宴會策劃人，還能作為行政祕書為雇主安排商務行程，甚至作為營養師照顧有病雇主的飲食。

三、下行李及行李件數確認

　　所有行李在整裝完備之後，通知行李員到貴賓房間收取，同時旅館管家須在現場做確認的動作，告知行李員行李的總件數及哪些行李在搬運時是特別要注意的，以做到提醒的動作。

四、歡送賓客

　　在貴賓即將啟程離開旅館時，通常管家會陪同至旅館大門口，以表示歡送之意，同時在賓客離去之前，做最後的問候及關懷，特別要關心的是賓客住宿期間的滿意度及建議，管家可藉此建議旅館及自我反省。管家在歡送賓客上車且關上車門後，目送貴賓及揮手示意，將最後的結束動作完美收尾。

五、最後巡視及檢查

　　在貴賓離開旅館後，管家須回到貴賓的房間做最後的收尾動作，需檢查賓客房間的所有地方，查看是否有任何遺漏。有些特別的貴賓（如影藝人員等），在房間檢視後，並不需急著清理房間，僅需將易發臭之垃圾收集帶走，然後將其房間上鎖後，隔一至兩天後再做清理，以避免有心人士搜尋相關物品作隱私的報導及收集。

貴賓離開旅館後，管家須檢查賓客房間，查看是否有任何遺漏

六、歸位

　　管家於貴賓入住前所有準備的相關物品，在管家任務結束後，需將所有的物品做歸還原部門的動作，在歸還前須做徹底的檢查，確認所有的物品沒有毀壞，同時是由管家親自做歸還的動作，以表示對各部門之確認及尊重。綜觀以上的服務流程，都是一些瑣碎的服務，但卻是跟隨著客人之需求而變化，從小處主動誘發客人的潛在要求，進而實現個人化的滿足，最終贏得了客人的忠誠及滿意。

狗仔的可怕

　　之前在台灣的旅館中曾經發生過國際巨星跨海的國際訴訟，而事情的發生讓台灣的旅館為之驚訝，事情的發生是在這位國際巨星離台後，旅館的管家將其房間巡視後，就通知房務部門同事前往整理，而房務部的員工在完成清理後，按照以往的工作流程將房內的垃圾丟至旅館的集中垃圾區，站在旅館的立場並沒有任何的問題，但旅館卻疏忽了狗仔的能耐，因為這些狗仔需要報導的篇幅，同時報導議題需要獨家及亮點以吸引消費者買單，所以他們無所不用其極的發掘任何的報導議題，當時就有狗仔潛入旅館找尋這位國際巨星的相關物品，以利他做專題的報導，在他努力找尋下，竟讓他找到這位國際巨星用過的垃圾，雖然沒有特別的怪異，但這位狗仔仍是將這些垃圾報導出來，同時附上照片，當這位國際巨星得知後，非常的憤怒，因為他認為旅館並沒有盡到保護他隱私的責任，於是透過法律途徑表示他的不滿及憤怒，當時這則新聞轟動了台灣的旅館產業，讓大家議論紛紛，同時也改變一些相關的做法。

　　旅館按照原有的標準作業流程將工作完成是很正常的，但偏偏就碰上了神通廣大的狗仔，於是事情一發不可收拾，讓這家旅館聲譽大受其害。我們認真想想，這家旅館究竟犯了什麼錯誤？——旅館沒有做到非旅館工作人員進出的徹底控管，同時疏忽了客人隱私的保護責任及義務，因此怎能說是沒有錯誤呢？

Chapter 10

旅館英式管家之訓練發展

➤ 訓練型態
➤ 職前訓練
➤ 學徒訓練
➤ 在職訓練

管家服務

　　傳統的管家需學習服務時所站立的位置及姿勢，例如：在*The Authenticity of Gosford Park*的文獻記載中，一位退休的管家Arthur Inch，出生於西元1915年，記載管家開始於門衛；現在全球有很多私人管家學院存在，諸如：The British Butler Institute、The International Institute of Modern Butlers、The Guild of Professional English Butlers以及The International Guild of Butlers & Household Managers，這些學院頂尖的畢業生起薪高達50,000～60,000美元（相當於25,350～30,400英鎊），除此之外，高級旅館像Ritz-Carlton也提供傳統的管家訓練；而有些旅館也訓練類似管家服務的員工，像是「科技管家」就是專門修理客人電腦及電子產品的員工，但實際上跟專業的管家是有所差別的。

　　訓練與發展是一個提供員工資訊、技巧與對公司及其目標之瞭解的過程（Ivancevich, 2001；張善智譯，2003；Swanson & Holton, 2005；葉俊偉譯，2005）。「訓練」是一種特定技藝或態度行為的模型，目標在於員工目前的工作，以「即訓即用」的原則，達到實際運用的目的；而「發展」則是以預定或未來的工作為目標，著重理論與知識的教導，以培養員工思考、學習與自我成長能力為目的（吳美連、林俊毅，1997）。因此飯店為了提供客人專業且高品質的服務，在教育訓練上特別用心，特別是針對英式管家的部分，旅館更是高度關注及重視，而旅館在挑選適宜的員工作為英式管家的人選後，接著就是一連串的專業訓練，傳授旅館管家該有的知識及技能，希望藉由這些專業的訓練能使旅館管家有信心且有能力擔任此重要角色。當然訓練是需要預算、成本及時間的，但訓練需求是必要且多元的，因此公司應該根據組織的目標及當前之重要性來決定訓練的優先順序，所以決定訓練的優先順序是非常重要的。

　　Robbins（2001）指出，有競爭力的員工無法永遠保有持續的競爭力，因為技能會變得過時且無用。這也是為什麼組織會每年投入大量的金錢與時間在訓練發展的活動上。而訓練成本的高低取決於旅館的預算及營收，同時包含旅館的重視程度，相較於一般的訓練型態，飯店針對管家的訓練發展出專屬的教育訓練型態。

成為稱職的旅館管家之前，須經過專業的教育訓練

第一節　訓練型態

常見的訓練型態主要有下列幾種，分別敘述如下（Dessler, 2000）：

一、職前訓練（vestibule training）

是指在一個與工作場所相似的環境之下進行訓練，其目的是，不必實際將受訓者放置於工作環境中，即可得到工作上所需的訓練，訓練員會以時間長短與準確性為基礎衡量績效，常見的方式為電腦輔助教學。

二、學徒訓練（apprenticeship training）

　　此訓練方法最常見於藍領工作者與服務業，主要是教育新進員工有關工作技術、過程與原則的訓練；通常是由一名熟練的員工，於工作中或下班後，以上課的方式指導。

三、在職訓練（on-the-job training）

　　此法最常被採用，它的形式有下幾種：模擬訓練（simulated training）、教練制（coaching）、候補指派（understudy assignment）、工作輪調（job rotation）、特殊指派（special assignment）或顧問方式（consultant）。

四、職外訓練（off-the-job training）

　　此法是指離開工作場所的訓練；通常當所需的專業知識超過內部組織的訓練人員能力，或整體訓練計畫成本過高，無法由組織內部人員執行時，會採用此法。

五、工作指導訓練（job instruction training）

　　讓成員容易學會的方式，即是讓成員瞭解其工作的邏輯性步驟。此法是指按部就班的教導訓練，其方式為列出工作所需之步驟與各步驟的重點，以方便其訓練之進行。

六、特殊目的訓練

特殊目的訓練的形式基本上有以下幾種：識字訓練、愛滋訓練、價值觀訓練、多樣化訓練、顧客服務訓練、團隊合作與加強訓練。

案例分享10-1

英國管家的專業訓練

英國管家需要做的就是提供「出色的服務」，要認真研究客人的個人喜好和需求，不期望客人給出明確的問題，但要確保為客人提供正確答案。他們不僅是「家居經理」，還要應付新科技。

「英國專業管家協會」的創建者羅伯特・沃特森先生表示，英國管家所代表的高級家政服務業從一開始就是針對全球，而不僅僅是英國本土。如今，從英國的倫敦到阿聯酋的杜拜，富豪們對英國管家的需求量與日俱增。一名合格的管家在英國的年薪大約為3萬英鎊，在美國一些地區高達25萬英鎊，最高年薪甚至達到150萬英鎊，而且食宿費用全由僱主提供。

沃特森認為，英國管家的需求量在未來數年預計將達到5,000人。在美國和德國等一些商業經濟大國，英式管家的技能還被注入了全新的理念，例如，管家可以幫助主人管理財務甚至打理公司業務。

根據沃特森的說法，英國管家需要做的就是提供「出色的服務」。他說，很多酒店餐館的服務人員往往將顧客大致分類來進行照顧，這算不上是出色的服務。英國管家必須對每位顧客進行細緻分析，提供特色的照顧。他們不僅要想到如何實現客人的想法，更應當提前預估客人的期望，早做安排，這也是英國專業管家協會訓練課程的核心。英國專業管家協會

的訓練課程項目很多，首先是對客人進行全天候的關注；認真研究客人的個人喜好和需求；進而協助客人解決問題，並找出最適合的解決方式。

這只是培訓的初步階段，接下來的訓練課程更加繁雜。每一個英國管家都必須會為主人家洗衣服、送報紙、送主人的孩子去幼兒園、負責打理花園，甚至為主人籌備生日聚會。

沃特森先生同時指出，英國專業管家協會的訓練課程項目很多，受訓者要參加數十項訓練課程，包括禮儀、急救、保安訓練；雪茄的收藏與保養；葡萄酒的鑑別和品嚐；插花；服飾及家居飾品的保養；團體服務演練和人事組織架構等，幾乎涵蓋生活的各方面。作為專業的培訓和管理機構，英國專業管家協會在挑選學員時相當嚴格。很多在這裡受訓的學員都有著長期豐富的管理經驗，他們都希望通過培訓找到一份受人尊敬且收入豐厚的私人管家工作。

由於聞名在外，英國專業管家協會在全球有大量合作夥伴，幾乎每一個設有豪華酒店或公寓的國家和地區都與該協會有合作。英國專業管家協會常常會向這些地區的豪華公寓酒店推薦獲得資格證書的新管家人選。同時，還會讓大批學員飛往各地受訓，直接面對顧客。（《世界新聞報》，2007/8/10）

案例分享10-2

日本旅館客房管家──客室係

想當一名稱職的客室係（日式旅館中的客房管家），除了要無比溫柔體貼、善體人意外，更要具備專業的知識，這個部分可得經過館內前輩嚴格的訓練和傳承，絲毫馬虎不得。

之前，為迎接2010年底在北投開幕的日系溫泉旅館，有一群「準客室係」分批在日本旅館中受訓。其中，曾在日本受過西式飯店工作訓練的成員，笑著感嘆：「日本旅館客室係簡直是超人！」

相對於飯店的分工作業，旅館工作強調整體性，彼此間的工作性質無明顯區分，尤其是客室係，更是接待旅客時所有環節的聯繫者，不只是「客房管家」，稱為「旅館總管家」也不為過！

訓練課程循序漸進，從瞭解旅館的歷史開始，美術工藝品鑑賞、化妝、穿和服、接待客人的日語敬語等，不僅在課堂上學習，也要到日本的姐妹館去實習。其中的一名成員說，透過在館內實習，她見識到日系旅館「以客為尊」的許多堅持，例如：不嫌麻煩隨時補充大浴場內的沐浴備品，讓客人有「我是今天最先使用者」的尊寵感；廚房人員自動自發嚴守洗手衛生，生魚片擺盤時，若有四道生魚片就得洗四次手及換四次手套，以防生魚片味道混雜，影響各自的生鮮口感……。

日本旅館客房管家──客室係

資料來源：https://solomo.xinmedia.com/travel/15662-kagaya

為期半年的訓練課程嚴格辛苦，但身為日系旅館客室係第一代尖兵及指導員，所有受訓組織成員等人兢兢業業學習，來日開館後，所有上門的旅客將是最嚴苛的評審老師。（《自由時報》，2010/3/15）

第二節　職前訓練

Graham（石銳譯，1990）提及爲了改善員工從事公司任務的能力，訓練能使人力資源能有更佳的運用。對飯店的管家而言，職前訓練的型態是屬於專業管家團隊或部門的主要訓練模式，因爲專業管家團隊或部門就是爲了有管家需求的客人而設立，但是飯店不敢貿然讓管家直接上場，所以透過與工作場所相似的環境下進行專業的訓練，其中包括標準作業流程及專業師資的訓練。

一、標準作業流程

通常旅館會將各部門行之有年的作業程序文字化，將之前員工所累積的經驗及智慧集結而成，同時將運作時的問題逐一考量進去，編列成該部門的SOP，以方便後來新進員工的跟進，同時其部門也能透過標準化的作業流程檢視該部門的運作方式，若是在後來的操作上有問題及困難，則是針對營運現況及作業流程做修正，將SOP修正至流暢的程度；而旅館的管家也會將其團隊或部門的基本工作流程標準化，以便利管家的職前訓練，因爲旅館管家需要更專業的服務，故在訓練上就更爲重視SOP，而旅館管家的標準作業流程中可能包含貴賓入住前的行前會議及討論、管家的基本裝備（如手機、樓層鑰匙等便利管家作業的裝備）、迎賓程序及迎賓茶的服務、任務結束後的工作程序等。標準作業流程化的管家訓練型態的優缺點爲：

(一)優點

藉由書面的標準作業流程讓管家能一目瞭然，知道在什麼時間應該

做什麼事情，避免有任何訓練上的遺漏或疏忽而導致飯店管家在執勤時產生困難或失誤。

(二)缺點

標準作業流程畢竟是書面上的模擬，所提出的工作程序僅為一般統括性的現象，無法針對不同的客人提出不同的客製化服務流程；而且不是所有任務的工作程序及服務內容都相同，再加上管家所服務的對象、時間及文化等的不同，標準作業流程的訓練方式是無法提供一對一的客製化服務，因此容易產生紙上談兵的現象，並且容易因為時代變遷及社會進步而產生過時的現象，最後導致跟不上旅館要求的服務品質及水準。

二、專業師資

旅館聘請專業的師資以教導英式管家，藉由專業的師資傳授專業的服務是最佳的訓練方式，但此訓練型態的成本是很龐大的，例如台北喜來登飯店就是特別聘請荷蘭管家學院的師資來台授課，這實為台灣飯店業的創舉，因為這代表著旅館的重視程度，當然也代表著高額的訓練成本。而專業師資的管家訓練方式的優缺點如下：

(一)優點

專業師資訓練所提供的是訓練有素的專業服務，而這些專業師資是經過長期實際的經驗累積及學問的研究，再將其最終成果及所得教授予學習的管家，以減少學習者的摸索時間，同時提供管家更多信心及飯店行銷的策略。

(二)缺點

相對於其他訓練方式，專業師資訓練需要龐大的成本，尤其是台灣

目前受過專業管家學院訓練的人極為少數，因此若要邀請受過專業訓練的師資來台授課，皆須從國外邀請而來，則所需的成本就更為可觀了。

案例分享10-3

管家訓練的風氣

因為國人的生活水準進步，加上富裕的生活型態，讓原先僅存在於飯店產業及私人家庭的「專業英式管家」開始蓬勃發展，例如：豪宅、學校、不同的企業等，開始思維將管家的概念及服務加進原有的產業中，使其產生更高利潤及顧客人數的變化。

在這幾年中，筆者在一些社會教育訓練中曾經擔任過師資的角色，發現來參與教育訓練的成員來自各行各業，其中包含了民宿、娛樂事業、物流業等，這讓我大吃一驚，也才發現各產業對管家已產生認識及興趣。

其實除了政府會將管家訓練課程列入外，民間仍是有私人團體會舉辦相關的訓練，其中曾經有團體舉辦過歐洲管家親自來台授課的訓練課程，為期七至十天不等，也根據受訓對象而區分初階、中階、高階的不同課程，因為沒有政府的補助，所有的費用皆由受訓者自己出錢，其報名費又高達台幣4萬元左右，同時報名人數爆滿；由這些現象都可以發現，管家訓練已經開始被其他行業接受，同時成為一股風潮。

第三節　學徒訓練

學徒訓練的方式是旅館任務型管家團隊常採用的訓練方式，因為任務型團隊的所有管家屬於旅館內各個不同單位的人力，不像專業型管家團隊或部門是獨立的單位，有其專業的師資及員工，因此任務型的管家團隊

將經驗資深的同事作為種子部隊，以母雞帶小雞的方式傳授管家的經驗及服務技能，而經驗資深的同事又分為各項專業及曾任管家服務兩種形式。

一、各項專業的同事

因為管家所需的專業知識及技能較一般飯店員工為高且廣，因此旅館會採用各個不同部門的專業訓練，例如：洗衣部、燙衣部、中餐、西餐、客房服務、吧檯（bartender）等不同部門的同事進行各自專業知識與技能的訓練。這種訓練方式的優缺點如下：

(一)優點

旅館管家能藉由不同單位的同事學習到各單位的精髓，讓管家能在服務期間發揮得淋漓盡致，同時藉由訓練期間跟不同部門的同事建立良好關係，以便利管家在職勤當中得到各單位的更多協助。

透過不同部門的專業訓練，增強旅館管家的相關服務技能

(二)缺點

　　各個部門的同事僅能提供自己單位內的專業知識，但不是所有的知識及技能對管家而言都是有用的，畢竟其他單位的同事並不完全清楚旅館管家的所有工作內容及事項，因此無法做到「對症下藥」，在無法提供正確的訓練內容及方向的同時，容易導致所需訓練的時間較長，且學習成果卻不彰顯的問題。

二、曾任管家服務的同事

　　有些旅館不僅採取各項專業的訓練，也可能是將曾擔任過旅館管家的同事以經驗談的方式教導新的管家團隊成員，其方式一般是以同伴（buddy）方式進行訓練，平時以口述及影片的教學方式進行，若遇到有管家任務時，在取得客人同意下，則由資深的管家帶著訓練中的管家進行此次的管家任務。採用此項訓練方式有下述優缺點：

(一)優點

　　此項管家訓練方式較不易淪為紙上談兵，由實戰經驗的同事擔任訓練老師，同時機會許可下有實際的練習機會，在管家任務期間，若是身旁有專人的訓練及教導，對於新任的旅館管家而言，實為一項幫助，對其信心有加強之作用且不易怯場害怕。

(二)缺點

　　通常飯店中的貴賓會因為個人隱私問題及對旅館專業性信任度的考量，而不接受旅館管家的任務及訓練是同時進行，似乎客人自己本身是白老鼠實驗品，因此使客人產生不信任感及對專業性的疑慮。

第四節　在職訓練

此種管家訓練方式通常為指派型的管家團隊較常採用，針對此管家團隊的成員提供交叉訓練（cross training）及模擬訓練（simulated training），藉由此種訓練方式讓屬於不同部門的管家團隊在兼顧原本部門工作的同時，也能提升管家的專業及技能。

交叉訓練

通常交叉訓練是讓旅館管家到不同部門學習不同的知識及技能，但其人力仍是屬於原本自己的單位，但在訓練單位仍能提供人力的協助。

(一)優點

人力及訓練成本較低，同時將其訓練的管家視為提供訓練單位的人力之一，也就是當該訓練單位於人力短缺時，該被訓練的旅館管家可提供一些基本的協助，使得該項訓練不僅只有訓練的用意，需要時仍能作機動的調配。

(二)缺點

有時訓練單位會將被訓練的管家之定位過度清楚化，而導致所授予的訓練有限，也可能會認為管家不需要此項訓練，而沒有傳授給被訓練的管家。

案例分享10-4

多管道的管家訓練

　　就管家服務而言，最重要的執行者就是管家本身，所以專業管家人才的培訓對於管家服務是相當重要的；若以旅館盈收的觀點，不外乎就是創造更高的利潤，而人事訓練算是一項支出，但面臨管家服務的成敗攸關著旅館之名聲及高額收入，旅館無不大力支持將其管家訓練達到專業化及多元化，將其所有相關之環節皆納入管家服務之訓練中。

　　首先，旅館針對專業管家的培訓逐漸深化及豐富，例如顧客抱怨及處理、樓層疑難問題的處理、旅遊諮詢與安排服務等，透過這些深入的培訓，希望藉由專業管家面臨緊急情況下，不僅是擔任客人與旅館之間的溝通橋樑，同時也是問題處理者，進而提升管家應對突發事務的處理能力。

　　其次，旅館可蒐集管家服務成功的案例及擔任管家服務者，配合旅館的服務宗旨及實際操作，將其編寫成培訓旅館管家的教材，可定期地與旅館管家探討其可適性，並隨時間的累積及實務操作上之難度做調整，避免被時勢所淘汰。若是旅館本身有能力，可以挑選優秀管家去國外的管家學院受訓，或是聘請國外優秀管家師資來旅館中傳授專業技能。將其管家培訓的管道多元化，不僅管家所學專業更多，也可藉由彼此交流讓其視野更寬廣。

案例分享10-2

交叉訓練的內容及省思

每次旅館要求筆者到不同部門做交叉訓練時，常會發生訓練單位不知道該教我什麼，例如說我到housekeeping訓練時，大部分的housekeeping阿姨及領班都很客氣，他們都會說：「我們該教你什麼呢？總不會是教你如何打掃房間、如何清理浴室等的工作吧！」而我總是說：「應該什麼都要學，只要是你們工作期間所做的工作，請都全部教我，訓練就應該什麼都學，才會有收穫。」

因為大部分的人都有一種迷思，包括旅館內一些不同部門的同事，他們認為管家應該是做些較為「高級」的服務，而像是清潔、打掃的工作就應該不是管家的工作事項，那就更別說是清理浴室了，但旅館管家真的就都不用做嗎？難道當房務部同事在整理你服務對象的房間時，你就可以置身事外嗎？畢竟房務部同事清理的房間是你的權責所在，因為你是這個房間客人的專屬管家，所以房務阿姨在整理房間時，身為管家也是有一份責任，尤其需要旅館管家服務的客人所入住的房間一般而言坪數都是不小的（通常大多為旅館的總統套房或是僅次於總統套房的房間），因此僅有一個房務阿姨在整理實為一件辛苦的事。一般而言，身為旅館管家是引以為榮，而不是引以為「傲」，不應該是驕傲的認為所有人都應該尊重你、協助你，很快地你周遭的同事會因此疏遠你，甚至不願意提供你適度的協助，在這個講求關係管理經營的時代，同事之間的關係經營更是一門大學問，因此身為旅館的管家，不僅要有高度專業性，更要有良好的關係管理，希望藉由此簡短案例提供讀者省思，「謙卑」是一門必學的學問，同時也是一門不易及格的學問。

Note...

Chapter 11

旅館管家的服務對象

- ➤ 外交元首
- ➤ 影藝明星
- ➤ 私人企業
- ➤ 總結

　　旅館針對入住某些層級房間的客人，如總統套房、行政套房等，就會由專業的管家提供客製化的服務，以提高這些客人的服務滿意度，有些則是由客人自己主動提出管家需求，不管是主動或被動的管家需求，都有一項共同的特性，那就是客人所入住的房價會高於其他一般的房間，同時對飯店的收益也是較高的，於是將這些重要客人服務好，責任就落到旅館管家的身上了。

　　當然不同的服務對象會有不同的服務要點及方式，同時要特別留意的細項也不盡相同，例如：服務外交元首較特別注重國際禮儀，而影劇藝人則是特別重視個人隱私及預防媒體、記者及粉絲。以下針對外交元首、影藝明星及私人企業三種不同的服務對象做其敘述。

第一節　外交元首

　　通常旅館針對下榻的國家外交元首皆會提供管家服務，即使客人沒有提出要求，外交部也會事先要求安排管家服務，以高度禮遇規格接待來訪的外交元首。這些外交元首都是台灣的邦交國，因此政府會高度關注，同時要求旅館配合政府的安排及維安。通常管家服務外交元首時，需注意以下事項：

一、外交元首的國家資料

　　管家需要事先搜尋並瞭解入住的外交元首來自於哪一個國家、地理位置、氣候、主要語言、經濟狀況、居住人口數等相關訊息，藉由這些資訊可得知該國的相關狀況。

二、文化背景

　　瞭解邦交國的文化背景有益於管家的服務，而相關的文化背景包含宗教信仰、社會階級、男女地位及風俗民情等，其中又以宗教信仰最為重要，因為宗教對於人們的日常生活有極大的影響力，甚至是左右其生活，例如：回教國家人民不吃豬肉、佛教提倡吃素、不殺生等觀念；因此，瞭解外交元首的文化背景才能理解他們的生活習慣及方式，並能提供適宜的服務及建議。

案例分享11-1

溫度可以再調低一點嗎？

　　曾經在筆者服務的經驗中，其中的一位邦交元首在旅館房間內，常常是滿頭大汗，詢問之下才知道他覺得旅館房間的溫度太高了，卻苦惱於不知如何調整房間溫度，於是我立刻要求工務部門將房間的冷氣調低一點，但他還是覺得房間的溫度太高，讓他很不舒服，但旅館的冷氣是中央空調，能調低的幅度有限，加上他人高馬大，因為元首的身分關係，出入飯店、接見賓客時總是要穿著正式的西裝，這讓他更覺得熱了。我突然想起事前查看此邦交國的資料顯示，他們國家的緯度較低，所以溫度也較高，因此他們國家的人民都很怕熱，平時的衣著上以清涼的服裝為主，於是我告知旅館此一現象，希望工務部門協助盡最大可能將此房間的溫度降到最低，在我的任務期間內，每次進到總統套房時，總覺得似乎進到大型冰庫一樣；雖然當時總統套房的溫度無法達到外交元首的最大期望，但他知道旅館已盡到最大努力了，仍是不減此次整體服務的滿意度。

三、相關隨行人員

　　因為是外交元首的身分，其隨行人員會有一定的規模，包含：元首的家屬、禮賓官、部門首長等，同時也隨行具有不同功能的工作人員，例如：負責照料三餐的御用廚師、維護安全的警政人員、打理外交事宜的外交官員等。管家需要一一瞭解並認識，在任務期間若有遇到任何問題才能找到「對」的相關人員溝通並解決。

四、政府工作人員

　　針對元首級的人士來訪，國家給予的關注及維安層級一定會提高，特別是其下榻的旅館，就是維安的重點項目，通常會指派其隨身維安人員，並且在其入住的旅館實施二十四小時的警務執勤，而旅館所在地的轄區分局也會定時到飯店做巡查動作，以確保維安工作做到滴水不漏，同時會在旅館設置勤務中心，隨時確認此元首的安全及行程狀態；旅館管家可透過這些相關的人員得知元首的最新動態，確切提供即時的服務。

五、行程安排

　　來訪的元首會有其主要目的及相關行程的安排，通常都是事先溝通而擬定安排，因此飯店管家需事先得知相關行程之安排，並事先規劃時間之安排（如客人何時離開飯店、何時回來，以利打掃時間之安排），以達到事半功倍之成效，同時須於任務期間內隨時更新行程之變動，以調整時間之安排。

案例分享11-2

唐寧街10號悄悄招管家

根據《世界新聞報》的報導及探討中指出，英國管家已經有近七百年的歷史了。作為世界家政服務領域的最高級別，英國管家通常受聘於世襲貴族和億萬富翁。管理著包括家庭教師、廚師、保鏢、花匠、裁縫等人的服務團隊。這不免讓人想起英國演員安東尼‧霍普金斯在《長日將盡》裡的老管家形象：嚴謹、忠實且服務周到，換句話說，就是頂級生活的標誌。

如果說電影中的情節多少有虛構的成分，那麼英國前首相布萊爾在主政唐寧街10號時，刊登廣告為首相府招聘一名管家就是英國人所共知的趣事了。2006年9月，一些高級家政服務公司突然收到一個神祕廣告，說是要給「政府核心的著名辦公室」聘請一位管家，後來才知道，原來是布萊爾想給首相府請一位英國管家。

這名管家負責管理清潔、門衛、保安、接待等任務的所有員工。他還將承擔許多重要任務，不但要擦亮首相府內所有的古董和銀器，還要為首相府設立奢華的飯店風格，達到「世界級服務標準」。

既然是為英國首相服務，這位英國管家自然需要掌握包括各國政要和世界名流在內的貴賓們的喜好，確保這些貴賓在到訪唐寧街10號時受到五星級的款待。此外，他必須確保布萊爾一家居住在首相府時不受外界打擾。首相府給這個職位開出了5萬英鎊的年薪，雖然和其他高級管家的收入相比，這樣的年薪算不上很高，但是能為英國首相服務這一條可就價值連城了。

管家服務

外交元首行程表

外交元首的行程會事先安排，因此政府也會事先將其行程表擬定成冊，發給相關單位及工作人員，當然旅館及管家也會收到此手冊，以利工作之進行及安排，通常旅館管家可藉此手冊得知很多訊息，例如：外交元首每日行程、各部門聯絡人及電話、隨行人員名單等，實為一項有利於管家任務的法寶，其手冊內容如附錄所示。

第二節　影藝明星

其實並非所有螢光幕前的影藝明星都需要管家服務，通常影藝明星的經紀公司會考量其旅館定價、活動內容及經費而決定，當然還有其重要之考量就是「知名」程度，因此需要管家服務的影藝明星大多是國際級的巨星居多。

而旅館管家在服務影藝明星時與服務外交元首的注意事項及工作內容是不盡相同的，因為身分之差異，自然而然管家的工作內容及賓客之需求就會有所差異，例如：影藝明星最在意的是媒體的跟拍及隱私的曝光，因此旅館及管家針對這部分會有其留意及預防之道，其中管家仍是需要注意以下之事項：

一、來訪目的

不同的目的會有不同活動的產生，例如：代言活動會以記者會為主；電影宣傳除了記者會外，會再額外安排專訪活動或首映會等。這些都

會影響管家在任務期間內的工作內容，若是有專訪節目的安排，則管家需協助招待專訪人員並安排專訪之場地。

案例分享11-4　　輸人不輸陣

　　之前的同事曾經服務一位中港台的三棲藝人，雖然他本身名氣不小，但以旅館的立場並不打算提供管家服務，因為他的經紀人安排給他的房間只是一般的套房，加上其隨行工作人員不多（入住的房間也不會多），但是這位經紀人仍是一直爭取旅館管家服務，這讓很多人產生疑惑，畢竟藝人都有經紀人協助打理所有的事情，需要管家的地方並不多，但此藝人的經紀人為此跟旅館一直僵持不下，後來的折衷方法就是將這位藝人預定的房間改換成較大的套房，旅館在增加了客房的收益後，相對的提供專業管家服務。

　　同事的管家任務結束後，我特別問了他為何這位藝人堅持要有管家服務，同事的回答讓我傻眼，因為和這位藝人同公司的另一位藝人在不久之前才下榻我們旅館，這兩位藝人有瑜亮情結，為了「一哥」的位子私下較勁，於是這次入住的藝人才會堅持旅館需要提供管家服務，因為他的競爭者沒有管家服務，但他有，就表示他的地位較高，所以接待規格也比較不同，其較勁意味之濃厚可見一斑，其實繞了一圈只是為了彰顯他的演藝地位之崇高，並不是真的需要專業的管家服務協助。

二、進出動線的安排

　　大部分的影藝明星因為個人隱私的考量，大多不願公布其下榻的旅館，主要因素當然是預防會有粉絲或媒體的追星行為導致他們的困擾及休息，因此旅館除了提供保密動作外，還會另行安排影藝明星的進出通道，以防有刻意人士的守候。因此旅館管家需要事先瞭解其出入動線及時間，並且視當時狀況做適當的調整，以保護並尊重他們意願為第一優先考量。

案例分享11-5　　　　我可以發問嗎？

　　在一次的管家任務中，旅館同時接待兩位藝人，因為是共同來台宣傳，所以在所有的安排事項上，都盡可能是一致的，於是在旅館的房間安排及規劃上，就需要安排同等級的房間，同時雙方皆提供管家服務，以防有誰尊誰卑的問題及困擾產生。

　　而筆者服務的其中一位藝人，因為熟識台灣，加上其經紀人過度保護其藝人，因此我的角色僅提供協助，例如：送東西、出入動線的引導等，所有近距離的服務皆不會由我提供，加上此位經紀人對我的態度較為不友善，所以我宛如置身事外一般。但我的另一位同事，卻與我有天壤之別，幾乎忙得不見天日般，因此我在沒事的時候，會去協助我同事，而我的管家同事也知道我的情況。因為兩大明星同時宣傳，所以出席他們記者招待會的媒體擠得現場水洩不通，在記者會開放媒體提問的時間上，大家紛紛提出不同的問題，此二位明星也一一做出回應，當時我同事開了個玩笑說，我們也舉手發問，問他（我服務的藝人）送到房間的酒杯及菸灰缸夠不夠？當然這是個玩笑話，但身為旅館的專業管家，怎麼可能去公布藝人明星的私人生活，更何況是較負面的新聞！

三、尊重並保護客人的隱私

再紅的演藝人員還是有平凡、私下不為人知的一面,不管是好與壞,皆是他個人的私人生活,旅館管家因為近距離的貼身服務及接觸,或多或少會看到一些隱私的事情,但基於尊重及保護客人的隱私,都不該做任何評論,更不可將其洩漏出去,而造成旅館及演藝人員的困擾。

四、特別留意陌生人的接近

如前所述,藝人自然是閃光燈追逐的焦點,不管是媒體或粉絲都是想盡辦法要與他們近身接觸,所以旅館管家須特別留意陌生人的徘徊、逗留及接近,以防有其他意圖的舉動,同時管家還要留意影藝明星所住的樓層是否有可疑人士徘徊,或是有媒體記者試圖挖掘新聞加以炒作。

第三節　私人企業

旅館管家的服務對象中,還有一大部分是私人企業的總裁、董事長、CEO等,對旅館而言,通常來自這些企業界重要人士的收益是遠高於其他客人的,因為他們有雄厚的財經實力,所以旅館更是馬虎不得;同時加上這些客人支付的金額較龐大,相對地對旅館的服務及專業也期待較高,因此客人對管家的要求也隨之升高,於是管家在服務這些賓客時須注意下列事項:

一、品質的要求

通常企業型的貴賓因為平時吃的是山珍海味，穿的是錦衣綾羅，因此已成習慣的生活方式並不會因為外出而改變，所以旅館管家需要特別留意針對這類型的貴賓所服務的餐飲、設備等，其品質都不能太馬虎；奢華對他們而言，不僅是享受，更是身分的表徵，所以他們會特別在意，當然旅館及管家也需要提供順應賓客的要求及服務。

案例分享11-6　　有這麼誇張嗎？

曾經服務過一對夫妻，夫妻倆在工作上皆有不凡的成就，見到客人的第一眼就可以感受他們奢華的生活品味，舉手投足都有其高貴的氣息，從他們預定旅館房間後，就特別要求房間內的花全都是「真」的蘭花，且要求的數量占據了房間的一大部分，同時每天房間內須擺放十二瓶Evian礦泉水。當他們入住後，還特別審視一番，確保旅館有達到他們的要求。

在他們入住的第二天早晨，在房間用完早餐後就出門了，我在他們房間的浴室發現那十二瓶Evian礦泉水，原來他們要求的礦泉水是用來刷牙漱口的，而不是用來當飲用水。

這還不是最為誇張的，在他們住宿期間，因為他太太的手指不小心被水蒸氣燙傷，還特別吩咐我們準備冰的Evian礦泉水，當然不是用來喝的，是拿冰的Evian讓他太太冰敷，因為他說，怎麼可以讓她美麗的老婆留疤，所以要細心照顧傷口，以免更嚴重。

二、商業活動及常識的瞭解

　　企業主對於企業的永續發展及新契機是非常重視的，因此在他的住宿期間仍是不會忽視這些相關的訊息，例如：股市、匯率、國際事件等，舉凡會影響到企業的相關訊息，企業主都會特別留意，於是服務企業主的旅館管家就需要同步的留意，適時提醒客人，或客人提及或問起時能有正確回覆。

三、企業所從事的產業

　　各行各業都有其不同的生意手法、注意事項，企業主也會因此而有所差異，就像是人在不同環境之下塑造出不同的個性，其主要原因是耳濡目染的影響，因此企業主也會因為身處不同的產業，發展出不同的生活習慣，而飯店管家則有責任去多加瞭解，才能將其服務專業化且讓企業主感到高滿意度。

四、祕書功能

　　對企業主而言，時間似乎永遠不夠用，為了達到事半功倍之效，通常他們會有貼身的協助人員，如特助、祕書等，特別是祕書的功能，不僅身負提醒之功能，同時還有每天行程的安排，讓企業主在繁忙之際，仍是有條有理。而管家在企業主的下榻期間，需身負此項重要的角色，讓企業主在飯店期間仍能流暢的運作，這就得藉助管家擔任此功能之協助者了。

五、商業之接待

在商言商，對企業家而言，即使產業再大，仍是有商業的業績及利潤考量，於是企業主的出訪，大都會有商業的安排，例如：新公司之成立、合作夥伴的挑選、下游廠商之聯繫等，無非都是爲公司之最大利潤努力，所以在企業主的住宿期間內，難免會有其他人的來訪，飯店管家若在此時能提供親切且優質的服務，對企業主而言不僅是面子問題，更是在商業上的一大助力，因此管家在其商業的接待上，須達到企業主及來訪客人之預期，甚至是超越他們的預設立場，進而增加其滿意度。

🎀 第四節　總結

一、英式管家在國際上的願景

根據彭博社（Bloomberg）2011年的報導，英國專業管家協會2011年培訓的管家人數比2010年增長20%，而且供不應求。倫敦的貝斯普克公司（Bespoke Bureau）也從事專業的管家培訓，亦表示2011年的管家培訓人數較2010年上升了52%。彭博社的這篇報導更指出，貝斯普克公司同年以158,390美元的年薪向阿聯酋某富豪家族派遣了一位管家。而貝斯普克的老闆告訴彭博社，「管家資源存在短缺」。在美國，2008年和2009年低落的管家市場正在逐漸復甦中，雖然美國目前管家的薪資和需求還沒有回到2007年的水平，但仍是在就業環境中重新找到原有的光榮盛世。

綜觀全球，不管是從東京到杜拜，或是從邁阿密到倫敦，採用英式管家服務的頂尖旅館皆呈現上升的趨勢。之前進行了一次大翻新的Al Bustan Palace Hotel（中文譯布斯坦宮殿飯店，曾爲*Times*雜誌入選爲全球

十大飯店之一）中，一個突出的重點翻新就是要爲套房的客人提供一系列
獨特的管家服務。其總經理托尼表示，旅館中的管家服務，不僅能讓客人
感受到一種個性化的服務，更能讓客人的旅程變得更加豐富多彩。

　　而新崛起的大陸市場更是一個競爭激烈的地方。在中國，英國管家
已進入一些已開發且先進的一、二級城市中，特別是城市中的高檔社區，
開始爲私人家庭服務。另外，一些在中國發展旅館業的企業也以英國管家
的培訓模式訓練員工，嘗試將英式管家高精緻化的服務融入於他們的旅館
中。之前上海一家家政公司就以年薪百萬引進四名英國管家，擔任公司管
理人員，培訓四、五十位中國保姆，接受先進的服務模式和理念。上海的
高級酒店自然也是迎潮而上，打出「貼身管家服務」旗號的酒店更不在少
數，如St. Regis Hotel（瑞吉紅塔大酒店）、Shangri-La Hotel（香格里拉大
酒店）、Westin Hotel（威斯汀酒店）、Ritz Carlton（麗池卡爾登酒店）
等國際旅館品牌相關負責人都表示企業本身在上海的酒店皆有精緻化的管
家服務。而上海湯臣一品與晶華國際酒店集團建立長期戰略的合作關係，
將頂級的私人管家服務導入，共同打造世界級的豪宅，成功地將完美服務
的眞諦表現得淋漓盡致。

二、英式管家在台灣的未來

　　能夠在台灣很完善的物業管理和服務體系上，引進具有國際品質及
專業水準的英式管家服務，是眞的具有其意義及競爭優勢的，而「英式管
家」專業人才所提供高水準的服務，未來勢必成爲旅館及豪宅的新寵兒。
特別是國際級的觀光旅館，這不僅僅是對於入住旅館的元首級貴賓的接待
服務，更重要的是，具有國際級水準的英式管家服務對未來台灣的服務產
業無不是品質的一大提升及躍進，因爲英式管家所帶來的不只是尊貴的象
徵、格調的代言、精緻的生活，同時提供生活尊貴感與舒適度也進一步加
強，這一切都具有極爲重大的意義，更是服務產業持續發展的未來保障。
　　透過上述對英式管家的起源、歷史、型態及教育訓練等之介紹，可

清楚看出管家之專業性及重要性，特別是旅館中的專業管家，更是背負著極大的使命。藉由前述章節詳細的介紹，可以發現針對英式管家所提供的一對一客製化的精緻服務，不僅需要擁有專業的知識、熟練的技能外，更須具備高度的榮譽感及責任心，才能將此管家任務完美的達成，加上現今求新求變的競爭環境，所有的商家及業者無不致力於企業的品牌經營及高利潤的創造，為了爭取更多穩定的消費者族群，除了增加本身企業之能力、服務外，更需要透過不同於其他競爭者的策略以吸引更多消費者，而其中客製化的精緻服務即是一大亮點，當然專業的英式管家更是其代表了。

英式管家須具備專業知識、熟練技能，以及高度的榮譽感與責任心

因此希望藉由此喚起國人對英式管家的重視，同時能對此工作特性更加深入瞭解，進而對此工作產生興趣而投身於其中，讓更多專業的人才能在此產業發揮，讓英式管家不再是遙不可及的工作產業。

案例分享11-7

英國管家瞄準中國富豪

　　根據《世界新聞報》在2007年的報導中指出，提起英國管家，人們往往會想到一個身穿燕尾服、斑馬褲，戴著白色領結和手套的中年男士為賓客斟酒的畫面。其實，除了優雅的舉止外，英國管家還必須是一個上知天文、下通地理的專家。如今，身價高昂的英國管家已悄悄進入中國家庭。英式管家服務是西方貴族高貴奢華生活的標誌。英國管家的職責並非像保姆那樣只需收拾家務瑣事，而是涉及家庭生活的各方面，沒有經過特殊培訓的人是做不到的。

　　培訓英國管家最有名的機構要算英國專業管家協會了。它位於倫敦郊外的海林島，成立於上世紀後期。近日，協會的創建者羅伯特·沃特森先生向《世界新聞報》特約記者介紹了英國管家是如何培養出來的。

◎參加數十項課程 挑選學員很嚴格

　　按照沃特森的話說，英國管家需要做的就是提供「出色的服務」。他說，很多酒店餐館的服務人員往往將顧客大致分類來進行照顧，這算不上是出色的服務。英國管家必須對每位顧客進行細緻分析，提供特色的照顧。他們不僅要想到如何實現客人的想法，更應當提前預估客人的期望，早做安排，這也是英國專業管家協會訓練課程的核心。英國專業管家協會的訓練課程項目很多，首先是對客人進行全天候的關注；認真研究客人的個人喜好和需求；不要期望客人給出明確的問題，但要確保為客人提供正確答案。

　　這只是培訓的初步階段，接下來的訓練課程更加繁雜。每一位英國

管家都必須會為主人家洗衣服、送報紙、送主人的孩子去幼兒園、負責打理花園，甚至為主人籌備生日聚會。

作為專業的培訓和管理機構，英國專業管家協會在挑選學員時相當嚴格。很多在這裡受訓的學員都有著長期豐富的管理經驗，他們都希望通過培訓找到一份受人尊敬且收入豐厚的私人管家工作。

◎最高年薪2,000多萬　開始打理公司業務

由於聞名在外，英國專業管家協會在全球有大量合作夥伴。從拉斯維加斯到東京，從倫敦到巴林，從莫斯科到阿聯酋，幾乎每個設有豪華酒店或公寓的國家和地區都與該協會有合作。英國專業管家協會常常會向這些地區的豪華公寓酒店推薦獲得資格證書的新管家人選。同時，還會讓大批學員飛往各地受訓，直接面對顧客。

作為英國專業管家協會的創建者，沃特森說，英國管家所代表的高級家政服務業從一開始就是針對全球，而不僅僅是英國本土的。如今，從英國的倫敦到阿聯酋的杜拜，富豪們對英國管家的需求量與日俱增。一名合格的管家在英國的年薪大約為3萬英鎊，在美國一些地區高達25萬英鎊，最高年薪甚至達到150萬英鎊，而且食宿費用全由僱主提供。

沃特森認為，英國管家的需求量在未來數年預計將達到5,000人。在美國和德國等一些商業經濟大國，英式管家的技能還被注入了全新的理念，例如，管家可以幫助主人管理財務甚至打理公司業務。

◎到北京酒店作培訓　管家們也要本土化

在中國，英國管家已經進入一些發達城市的高檔社區，開始為更多私人家庭服務。早在十年前，沃特森就把目光投向了中國，而中國也向沃特森和他的協會拋去了橄欖枝。沃特森曾被中國首都旅遊集團聘請向該集團員工傳授。他還為一個私人社區的20名員工開設了短期培訓課程。

北京中關村試圖打開豪華個人公寓市場的一家公司就邀請沃特森擔

任顧問，對員工進行為期一週的英國管家培訓。在北京，五星級賓館業競爭非常激烈，他們必須找到新的方式來提升服務品質，這就是之所以轉向進行英國式管家培訓的初衷所在。

沃特森認為，中國是一個巨大的市場。中國新興的富有階層不斷增長帶來的經濟影響力，使得奢侈品業的數量快速增長。不過，雖然中國的高收入者買了許多奢侈品，但是缺乏懂得正確使用的人。他們需要瞭解這方面事情的專業人士，比如準備極好的私人晚宴和聚會（Home Party，也就是在中國剛剛開始流行的「轟趴」），和安排恰當的客人服務等。

沃特森說，他希望英國專業管家協會在中國的發展能夠幫助那些收入豐厚的人理解擁有一個好管家的價值所在。因為，這不只是提升他們的身分，更意味著他們可以擁有一個按照他們想要的方式，來管理私人生活的人。

沃特森表示，英國管家的理念應當更加國際化和本土化。他曾對巴林一家酒店的員工說，是否能成為英國管家並不重要，關鍵是要具備如何悉心照顧每位客人的才智。他舉例說，在沙特，一個好管家要緊隨主人身邊聽從召喚，但是絕不能踩到主人的衣服，因為這在當地是非常不禮貌的行為。在早期與美國拉斯維加斯的一些酒店合作時，對方堅持讓沃特森為員工提供歐洲式的優質服務理念。可是他在觀察後認為，在當地根本無法真正實現這一點。於是，他改為告訴受訓員工如何從本土文化入手，找到顧客喜歡的待人接物風格。

Note...

附　錄

目錄INDEX

來訪國總統閣下訪台團員名單

1	總統閣下	President
2	第一夫人閣下	First Lady
3	外交暨貿易部長	Minister of Foreign Affairs and Trade
4	經濟企劃暨發展部長	Minister of Economic Panning & Development
5	觀光暨環境部長	Minister of Tourism & Environment
6	衛生暨社會福利部長	Minister Health & Social Welfare
7	企業暨就業部長	Minister of Enterprise & Employment
8	駐台大使	Ambassador
9	總統辦公室執行長	Chief Officer (President's Office)
10	經濟企劃暨發展部主任秘書	Principal Secretary Ministry of Economic Planning
11	總統安全首席	Chief Security
12	國防部人員	Officer in Charge of Catering
13	總統辦公室禮賓處長	Principal Chief of Protocol
14	總統辦公室禮賓副處長	Deputy Chief of Royal Protocol
15	總統機要秘書	Private Secretary
16	總統助理機要秘書	Assistant Private Secretary
17	外交部禮賓司副司長	Deputy Chief of Protocol (MOFAT)
18	安全人員A	Security A
19	安全人員B	Security B
20	電腦服務處長	Director-Computer Services
21	公共服務及新聞部官員	Principal Management Analyst
22	第一夫人隨扈	First Lady Bodyguard
23	安全人員C	Security C
24	安全人員D	Security D
25	安全人員E	Security E
26	安全人員F	Security F
27	安全人員G	Security G
28	安全人員H	Security H
29	廚師A	Chef A
30	廚師B	Chef B

31	安全人員I	Security I
32	安全人員J	Security J
33	安全人員K	Security K
34	安全人員L	Security L
35	廚師C	Chef C
36	來訪國廣播公司記者A	Photographer-Radio A
37	來訪國廣播公司記者B	Radio Technician B
38	電視記者	Journalist-Television
39	來訪國電視公司記者A	Journalist-Television A
40	來訪國電視公司記者B	Journalist-Television B
41	來訪國電視公司記者C	Journalist-Television C
42	來訪國電視公司記者D	Journalist-Television D
43	三等秘書	Third Secretary

來訪國總統閣下簡歷

（其簡歷內容包括：稱謂、姓名、出生日期、家庭狀況、職稱、學歷、經歷等）

中華民國（台灣）總統閣下簡歷

（其簡歷內容包括：姓名、出生日期、籍貫、家庭狀況、夫人、學歷、經歷等）

中華民國（台灣）外交部部長閣下簡歷

（其簡歷內容包括：姓名、出生日期、家庭狀況、職稱、學歷、經歷等）

來訪國國情簡介

Brief Introduction of Republic of China (Taiwan)

地理人文	
地理位置	Geography
面積	Size
氣候	Climate
人口	Population
語言	Language
宗教	Religion
獨立日期	Independent Date
首都	Capital
政治制度	Political System
行政區分	Economic growth rate
經濟概況	
幣制	Currency
國民生產毛額	the GNP
平均國民所得	Per capita income
出口總額	Value of exports
主要出口產品	Major export commodity
主要出口國	Major export country
對我國出口	Export to Taiwan
進口總額	Value of imports

管家服務

主要進口產品	Major import commodity
主要進口國	Major import country
自我國進口	Import from Taiwan
其他	
僑胞	Compatriots living abroad
電壓	Voltage

來訪國地理位置圖　Geographic Location

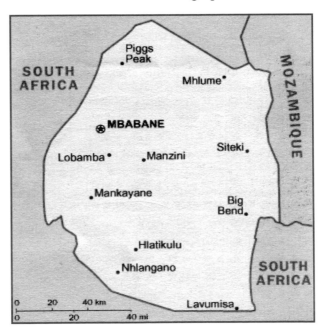

Brief Introduction of Republic of China (Taiwan)

Geography	The Republic of China (Taiwan) is situated in the West Pacific between Japan and the Philippines, which comprises the main island of Taiwan, the archipelagoes of Penghu, Kinmen, Matsu and a number of other islands.
Size	36,006.18 sq km (139000 sq miles)
Climate	Subtropical
Population	22.82 million
Capital	Taipei City
Religion	Taiwan is highly diversified in terms of religious faith, with the practice of Buddhism, the Unification Church, Islam, and Hinduism, as well as native sects such as Yiguandao and others.
Political System	The national government comprises the presidency and five major branches, or yuan(Executive Yuan, Legislative Yuan, Judicial Yuan, Examination Yuan, Control Yuan). Local governments include those of 18 counties, 5 autonomous municipalities with the same hierarchical status as counties, and 2 special municipalities.
Currency	New Taiwan Dollar (NTD)
Per capita GNP	US$ 16,471
Economic growth rate	4.62%
Value of exports	US$ 224.01billion
Value of imports	US$ 202.69billion

中華民國（台灣）地圖 Map of the Republic of China (Taiwan)

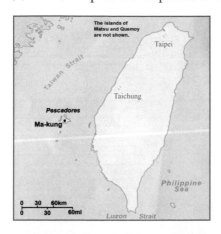

管家服務

日程 Programme

日程一 Programme 1

1000　　專機抵達桃園國際機場
　　　　Arrive at the Taoyuan International Airport on President's Airplane
1020　　離桃園國際機場赴台北A大飯店
　　　　Proceed to the A Hotel, Taipei
1120　　抵達台北A大飯店
　　　　Arrive at the A Hotel, Taipei
午間　　便餐
Noon　　Lunch

（除總統、夫人及外長以外之團員請於各節目表訂出發時間前20分鐘先行出發）
（All delegation members, with the exception of President, First Lady and Foreign Minister, leave for events 20 miuntes ahead of the scheduled departing time）

外交部長節目 Programme for Minister of Foreign Affair and Trade
1245　　離台北A大飯店赴外交部
　　　　Proceed to the Ministry of Foreign Affairs
1300　　外交部長午宴
　　　　Luncheon hosted by Minister of Foreign Affairs of the Republic of China (Taiwan)
1500　　外長會議
　　　　Meeting among Ministers of Foreign Affairs

下午　　　　自由活動
Afternoon　Free
1700　　　　總統接受媒體專訪
　　　　　　Media interview
晚間　　　　便餐
Evening　　Dinner
夜宿　　　　台北A大飯店
Ron　　　　A Hotel, Taipei

日程二 Programme 2

服裝（Attire）：正式（Formal）

1045	離台北A大飯店赴總統府
	Proceed to Presidential Office
1120	會晤我國總統
	Meet President of the Republic of China (Taiwan)
1220	離總統府返台北A大飯店
	Return to A Hotel, Taipei
1235	抵台北A大飯店
	Arrive at A Hotel, Taipei
午間	便餐
Noon	Lunch
下午	自由活動
Afternoon	Free
1810	離台北A大飯店赴B飯店
	Proceed to B Hotel
1822	抵B飯店
	Arrive at B Hotel
1830	參加「高峰會議」歡迎酒會
	Welcoming Reception of the Summit meeting
夜宿	台北A大飯店
Ron	A Hotel, Taipei

日程三 Programme 3

服裝（Attire）：正式（Formal）

0850	離台北A大飯店赴C飯店
	Proceed to the C Hotel
0910	「高峰會議」開幕迎賓儀式
	Welcoming Ceremony of the Summit meeting
0930	「高峰會議」開幕典禮
	Opening Ceremony of the Summit meeting
1030	休息時間
	Break

1045	議題討論1
	Topic 1
1230	總統午宴
	Luncheon hosted President of the Republic of Chain (Taiwan)
1430	議題討論2
	Topic 2
1600	休息時間
	Break
1630	簽署宣言
	Signing Declaration
1655	各國元首合照
	Group Photo of Heads of State
1700	離C飯店返台北A大飯店
	Return to A Hotel, Taipei
1851	離台北A大飯店赴台北101大樓
	Proceed to Taipei 101 Building
1858	抵台北101大樓
	Arrive at Taipei 101 Building
1900	國宴
	State Banquet hosted, President of the Republic of China (Taiwan)
夜宿	台北A大飯店
Ron	A Hotel, Taipei

日程四 Programme 4

服裝（Attire）：正式（Formal）

0948	離台北A大飯店赴C飯店
	Proceed to the C Hotel
1008	抵C飯店
	Arrive at the C Hotel
1010	加「發展夥伴論壇」開幕式
	Opening Ceremony of Develop Partnership Forum
1150	離C飯店赴高鐵台北站
	Proceed to Taipei Station of Taiwan High Speed Rail（THSR）
1218	搭乘高鐵第X班次赴台中
	Leave for Taichung by THSR No.X

午間	高鐵上進用點心
Noon	Coffee Break
1310	抵達高鐵台中烏日站
	Arrive at Taichung Station
1320	離高鐵台中烏日站赴中部科學工業園區
	Proceed to the Central Taiwan Science Park
1320	參訪中部科學工業園區並用餐
	Visit the Central Taiwan Science Park and lunch
1430	離中部科學工業園區赴國立台灣美術館
	Proceed to the National Taiwan Museum of Fine Arts
1520	參訪國立台灣美術館
	Visit the National Taiwan Museum of Fine Arts
1600	離國立台灣美術館赴D飯店
	Proceed to the D Hotel
1720	抵D飯店
	Arrive at the D Hotel
1820	離D飯店赴E酒店
	Proceed to the E Hotel
1830	總統晚宴
	Dinner hosted, President of the Republic of China (Taiwan)
夜宿	D飯店及E酒店
Ron	The D Hotel and the E Hotel

日程五 Programme 5

服裝（Attire）：便服（Casual）

0630	賞鳥活動（元首及外長自由參加）
	Bird-watching Activity (Optional Programme)
0900	收取行李（E酒店）
	Collect Luggage (The E Hotel)
0930	收取行李（D飯店）
	Collect Luggage (The D Hotel)
1015	離D飯店赴九族文化村
	Proceed to Formosan Aboriginal Cultural Village
1030	參訪九族文化村
	Visit Formosan Aboriginal Cultural Village

1130	離九族文化村赴F飯店
	Proceed to F Restaurant
1200	便餐
	Lunch
1400	赴高鐵台中烏日站
	Proceed to Taichung Station of THSR
1538	搭乘高鐵第Y班次返台北
	Leave for Taipei by THSR No.Y
1636	抵高鐵台北站並返台北A大飯店
	Arrive at Taipei Station and Return to the ＊＊Hotel, Taipei
晚間	便餐
Evening	Dinner
1828	離台北A大飯店赴台大體育館
	Proceed to National Taiwan University Sports Center
1838	抵台大體育館
	Arrive at National Taiwan University Sports Center
1845	參加「□□□運動會」開幕典禮
	Opening Ceremony of the □□□ Game
2035	離台大體育館返台北A大飯店
	Return to the A Hotel, Taipei
夜宿	台北A大飯店
Ron	A Hotel, Taipei

日程六 Programme 6

服裝（Attire）：正式（Formal）

上午	自由活動
Morning	Free
午間	便餐
Noon	Lunch
1500	接見A公司總經理
	Meet with General Manager of the A Corporation
晚間	便餐
Evening	Dinner
夜宿	台北A大飯店
Ron	A Hotel, Taipei

日程七 Programme 7

服裝（Attire）：正式（Formal）

1030	收取行李及旅館退房 Collect Luggage and Check out
1045	離台北A大飯店赴B集團 Proceed to B Industrial Co., Ltd.
1100	B集團公司遷址開幕典禮 Opening Ceremony for the New Headquarter of B Industrial Co., Ltd.
1200	B集團董事長午宴 Luncheon hosted, Chairman of B Industrial Co., Ltd.
1415	離B集團赴C工程公司 Proceed to the C Engineering Corporation
1430	參訪C工程公司 Visit the C Engineering Corporation
1530	離C工程公司返台北A大飯店 Return to the C Hotel, Taipei
1700	離台北C大飯店赴桃園國際機場 Proceed to the Taoyuan International Airport
1800	來訪國總統專機離台 Depart on President's Airplane

禮車座次表（台北地區）Vehicle Assignment (Taipei Area)

大禮車第一號 Limousine No. 1

（右）來訪國總統閣下 (Right) President
（左）第一夫人閣下 (Left) First Lady
（前）榮譽侍衛長 (Front) Commander of the Honor Guard

安全車第一、二號 Auto S1, S2

安全官 Security Officers

管家服務

禮賓車 Pr.

司長 Chief of Protocol

禮賓車二號 Auto No.2

（右）外交暨貿易部長 (Right) Senator
（左）我國大使 (Left) Ambassador of the Republic of China (Taiwan)

巴士第三號 Bus No. 3

經濟企劃暨發展部長
衛生暨社會福利部長
企業暨就業部長
觀光暨環境部長
駐台大使
總統辦公室執行長
執行處長
經濟企劃暨發展部主任秘書
總統辦公室禮賓處長
總統辦公室禮賓副處長
總統機要秘書
外交部禮賓副司長
總統助理機要秘書
總統安全首席
我國大使夫人
簡任秘書

巴士第四號 Bus No. 4

安全人員A
安全人員B
夫人隨扈
安全人員C
安全人員D
安全人員E
安全人員F

安全人員G

廚師A

安全人員H

安全人員I

安全人員J

安全人員K

安全人員L

安全人員M

安全人員N

秘書

巴士第五號 Bus No. 5

總裁

電腦服務處長

一等秘書

三等秘書

國防部人員1

國防部人員2

外交部禮賓官

一等秘書

三等秘書

安全人員1

公共服務及新聞部官員

來訪國廣播公司記者

來訪國廣播公司記者

來訪國廣播公司記者

來訪國廣播公司記者

來訪國廣播公司記者

來訪國廣播公司記者

薦任科員

禮車座次表（台中地區）Vehicle Assignment (Taichung Area)

大禮車第一號 Limousine No. 1

（右）來訪國總統閣下 (Right) President
（左）第一夫人閣下 (Left) First Lady
（前）榮譽侍衛長 (Front) Commander of the Honor Guard

安全車第一、二號 Auto S1, S2

安全官 Security Officers

禮賓車 Pr.

司長 Chief of Protocol

禮賓車二號 Auto No.2

（右）外交暨貿易部長
（左）我國大使

巴士第三號 Bus No.3

駐台大使
總統辦公室執行長
總統安全首席
總統辦公室禮賓處長
外交部禮賓司副司長
來訪國國家警察
隨扈
夫人隨扈
大使夫人
簡任秘書

巴士第四號 Bus No.4

安全人員A
安全人員B
安全人員C
安全人員D
安全人員E
廚師A
廚師B
駐台大使三等秘書
秘書
科員

房間分配表（台北Ａ大飯店）Room Assignment (A Hotel, Taipei)

Tel：(886-2) 1111-1111 Fax：(886-2) 1111-2222
房間與房間通話：請先撥 "7" 再撥房間號碼
Room Call: Dial number "7" first, then the room number

9999	總統閣下
9999	第一夫人
1101	外交暨貿易部長
1102	經濟企劃暨發展部長
1103	衛生暨社會福利部長
1104	企業暨就業部長
1105	觀光暨環境部長
1106	駐台大使
1107	總統辦公室執行長
1108	經濟企劃暨發展部主任秘書
1109	總統辦公室禮賓處長
1110	總統辦公室禮賓副處長
1111	總統機要秘書
1112	外交部禮賓司副司長
1113	總統助理機要秘書
1114	安全人員A

1115	電視記者	
1116	安全人員B	
9998	第一夫人隨扈	
1117	安全人員C	
1118	安全人員D	
1119	安全人員E	
1120	安全人員F	
1121	安全人員G	
1122	廚師A	
1123	國防部人員	
1124	廚師B	
1125	安全人員H	
1126	安全人員I	
1127	安全人員J	
9997	廚師C	
1128	國防部人員	
1129	安全人員K	
1130	外交部禮賓官	
1131	總統安全首席	
1132	安全人員L	
1133	隨行人員A	
1134	隨行人員B	
1135	公共服務及新聞部官員	
1136	來訪國廣播公司記者	
1137	駐台大使	
1138	駐台大使夫人	
1139	長官休息室	MOFA Officials' Room
1140	外交部聯絡室	MOFA Liaison Office
1141	外交部工作人員	MOFA Staff Room
1142	榮譽侍衛長	Commander of the Honor Guard
1143	警方指揮所	Police Liaison Office
1144	警政署安全官A	Security Officer A
1145	警政署安全官 B	Security Officer B
1146	警政署安全官C	Security Officer C
1147	警政署安全官D	Security Officer D

1148	警方人員A	Police Officer A
1149	警方人員B	Police Officer B
1150	警方人員C	Police Officer C
1151	警方人員D	Police Officer D

房間分配表（台中D飯店）Room Assignment (The D Hotel, Taichung)

Tel：(886-3) 222-1111 Fax：(886-3) 222-2222

房間與房間通話：直播房間號碼 Room Call: Dial the room number directly

8888	總統閣下
8888	第一夫人
2101	外交暨貿易部長
2102	我國大使
2102	我國大使夫人
2103	駐台大使
2104	總統休息室
2105	來訪國總統隨從房
2106	秘書長
2107	部長
2108	司長A
2109	司長B

房間分配表（E酒店）Room Assignment (E Hotel, Taichung)

Tel：(886-3) 333-1111　Fax：(886-3) 333-2222

3101	總統辦公室執行長
3102	總統辦公室禮賓處長
3103	外交部禮賓司副司長
3104	安全人員A
3105	安全人員B
3106	第一夫人隨扈
3107	安全人員C
3108	安全人員D
3109	安全人員E

3110	廚師A	
3111	廚師B	
3112	來訪國駐台大使館	
3113	總統安全首席	
3114	安全人員F	
3115	長官休息室	
3116	外交部聯絡室	MOFA Liaison Office
3117	外交部工作人員	MOFA Staff Room
3118	榮譽侍衛長	Commander of the Honor Guard
3119	警方指揮所	Police Liaison Office
3120	警政署安全官A	Security Officer
3121	警政署安全官B	Security Officer
3122	警政署安全官C	Security Officer
3123	警政署安全官D	Security Officer

An Important Notice

The Ministry of Foreign Affairs of the Republic of China (Taiwan) wishes to inform its distinguished guests that only lodging, laundry and meals will be provided by the Ministry. Guests are responsible for other expenses such as international phone calls, faxes, telegrammes, Internet, pay TV programmes, massages, beauty salon, use of the business centre, liquors, and tobacco. Any charge incurred by guests invited by the delegation members are also considered as personal expenses. Guests are expected to pay their accounts of personal expenses upon checking out.

As to the entourage members of delegations, the Ministry will be responsible only for the expenses related to Meal Coupons and Laundry Coupons, which will be distributed upon their arrival at the hotel. Their consumption of Mini-Bar or Room Service is considered as personal expenses charged to their accounts.

The Ministry also permits itself to remind that the guests are expected to be responsible for overweight baggage fare.

有關單位人員及電話號碼

Names and Telephone Numbers of the Relevant Offices（in Chinese only）

政府單位

聯絡單位	主持人	聯絡人	電話及傳真
總統府三局			
行政院	院長辦公室		
	副院長辦公室		
	交際科		
新聞局	局長室		
新聞局聯絡室			
國防部	示範樂隊		

本部單位

聯絡人單位及地址	主持人	聯絡人	電話及傳真
部長辦公室			
政務次長辦公室			
次長辦公室			
次長辦公室			
主任秘書辦公室			
禮賓司			
來訪國相關部司			
新聞司			
總務司			
翻譯組			

本次專案行動電話

單位	主持人	聯絡人	手機電話
外交部	禮賓司承辦人員		
	禮賓司協辦人員		
	支援人員		
國防部			

警政單位

聯絡單位	主持人	聯絡人	電話及傳真
本案安全官			
內政部警政署外事組特勤科保安組（機械存關）			
台北市政府警察局	外事科 督察室 交通警察大隊督察組		
桃園國際機場航空警察局	外事科（禮遇）		
桃園國際機場航空站	業務組		
桃園國際機場國賓室			

駐台大使館

館名	大使姓名	秘書／司機姓名	電話及傳真
來訪國駐台大使館			

本次參訪單位

聯絡單位及地址	主持人	聯絡人	電話及傳真
中部科學工業園區			
國立台灣美術館			
賞鳥協會			
九族文化村			
A公司			
B集團			
C工程公司			

飯店餐飲業者及其他單位

聯絡單位及地址	主持人	聯絡人	電話及傳真
A飯店			
B飯店			
C飯店			
D飯店			
E飯店			
餐廳			
醫院			
台灣高鐵公司			
旅行社			
租車公司			
禮品公司			
公關公司			

車隊電話（台北地區）

車種	車牌號碼	司機姓名	手機電話
一號大禮車			
S1			
S2			
禮賓車			
二號禮車			
三號巴士			
四號巴士			
五號巴士			

車隊電話（台中地區）

車種	車牌號碼	司機姓名	手機電話
一號大禮車			
S1			
S2			
禮賓車			
二號禮車			
三號巴士			
四號巴士			
五號巴士			

※附註：因為牽涉國家及個人隱私，因此將其姓名及聯絡電話等資料以符號取代或直接刪除。

參考文獻

一、中文部分

王月鶯、林柏宏、張松年（2013）。〈民宿管家服務特質與執行表現之研究〉。《鄉村旅遊研究》，7(2)，1-14。

方世榮譯（1995）。Philip Kotler著。《行銷管理學：分析、計畫、執行與控制》。台北市：東華書局。

石銳（2003）。《人力資源管理與職涯發展》。新北市：揚智文化。

吳亞娟（2011）。〈淺談體驗經濟時代下的酒店管家服務〉。《市場營銷》，26，182-183。

吳美連、林俊毅（1997）。《人力資源管理：理論與實務》。台北市：智勝文化。

余昭（1979）。《人格心理學》。台北市：三民書局。

李青芬、李雅婷、趙慕芬譯（1995）。Stephen P. Robbins著。《組織行為學》。台北市：華泰書局。

宋永坤、周志潔（2011）。〈臺灣地區國際觀光旅館專業管家服務訓練發展之個案研究〉。《真理觀光休閒學報》，9，43-68。

陳貞綉（2014）。〈台灣五星級觀光旅館管家市場需求與趨勢之探討〉。第二屆旅遊與餐旅產業國際學術研討會。台南市：台南應用科技大學。

陳澤義（2005）。《服務管理》。台北市：華泰文化。

陳覺（2004）。《服務產品設計》。新北市：揚智文化。

張善智譯（2003）。John M. Ivanceivch著。《人力資源管理》。台北市：富學文化。

張緯良（2011）。《管理學》。台北市：雙葉書廊。

楊國樞（1973）。《人格的定義》。雲五社會科學大辭典第九冊。台北市：台灣商務印書館。

楊國樞（1988）。〈中國人對於人之性格的看法〉。《中國人的蛻變》。台北市：桂冠圖書。

葉俊偉（2005）。《人力資源發展》。台北市：五南圖書。

管家服務

二、英文部分

Allport, G. W. (1937). *Personality: A Psychological Interpretation*. NY: Holt.

Allport, G. W. & Odbert, H. S. (1936). Trait names: A psycho-lexical study. *Psychological Monographs, 41*(1), 211-344.

Barney, Jay. (1991). Firm resources and sustained competitive advantage. *Journal of Management, 17*(1), 99-120.

Cattell, R. B. (1943). The description of personality: Basic traits resolved into cluster. *Journal of Abnormal and Social Psychology, 38*, 476-506.

Ferry, S. M. (2005). *Butlers and Household Managers: 21st Century Professionals*. SC: Book Surge.

Dessler, G. (2000). *Human Resource Management* (8th ed.). NJ: Prentice Hall, Inc.

Galton, F. (1884). Measurement of character. *Fortnightly Review, 36*, 179-185.

Ghorpade, J. V. (1988). *Job Analysis: A Handbook of the Human Resource Director* (1st ed.). NJ: Prentice-Hall.

Goldberg, L. R. (1981). Language and individual differences: The search of universalsin personality lexicons. In L. Wheeler (Ed.). *Review of Personality and Social Psychology, 2*, 141-165.

Gronroos, C. (1984). A sevice quality model and its marketing implications. *European Journal of Makerting, 18*(4), 36-44.

Hackman, J. R. & Oldham, G. R. (1975). Development of the job diagnostic survey. *Journal of Applied Psychology, 60*(2), 159-170.

Hackman, J. R. & Lawler, E. E. (1971). Employee reactions to job characteristics. *Journal of Applied Psychology, 55*, 259-286.

Herzberg, F. (1966). *Work and the Nature for Man*. New York: World.

James, A. F. & Mona, J. F. (2011). *Service Management: Operations, Strategy, and Information Technology* (7th ed.). McGraw-Hill International Edition.

McClelland, D. C. & Winter, D. G. (1969). *Motivating Economic Achievement*. New York: Free Press.

Mechelse, H. R. (2015). *The Art of Butling: A Practical Guide for Butlers and Personal Service Providers*. Drukwerk: Alle rechten voorbehouden.

Norman, W. T. (1963). Toward and adequate taxonomy of personality attributes: Replicated factor structure. *Journal of Abnormal and Social Psychology, 66*, 574-583.

Porter, M. E. (1985). *Competitive Advantage*. New York: The Free Express.

Robbins, S. P. (2001). *Organizational Behavior* (9th ed.). NJ: Prentice Hill Inc.

Rodgers, S. (2005). Applied research and educational needs in food service management. *International Journal of Contemporary Hospitality, 17*(4), 302-314.

Rowold, Jen. (2007). Individual influences on knowledge acquisition in a call center training context in Germany. *Journal of Training of Training Development, 11*, 21-34.

Schmit, M. J., Kihm, J. A. & Chetrobie, R. (2000). Development of a global measure of personality. *Personnel Psychology, 53*, 153-193.

Seashore, S. E. & Taber, T. D. (1975). Job satisfaction and their correlations. *American Behavior & Scientists, 18*, 346.

Sims, H. P., Szilagyi, A. D. & Keller, R. T. (1976). The measurement of job characteristics. *Academy of Management Journal, 19*, 159-212.

Siu, V. (1998). Managing by competencies- A study on the managerial competencies of hotel middle managers in Hong Kong. *International Journal of Hospitality Management, 17*, 2573.3-2

Turner, A. N. & Lawrence, P. R. (1965). *Industrial Jobs and the Worker*. Boston: Harvard University, Graduate School of Business Administration.

Vroom, V. H. (1964). *Work and Motivation*. New York: John Wiley & Sons.

三、網站部分

(一)旅館

大億麗緻酒店，http://tainan.landishotelsresorts.com
日勝生加賀屋國際溫泉飯店，http://www.kagaya.com.tw
台北喜來登大飯店，http://www.sheraton-taipei.com
台北晶華酒店，http://www.regenttaipei.com
台中長榮桂冠酒店，http://www.evergreen-hotels.com
香格里拉台北遠東國際大飯店，http://www.feph.com.tw
高雄漢來大飯店，http://www.grand-hilai.com.tw

(二)報紙

世界新聞報，http://big5.cri.cn

自由時報，http://ltn.com.tw

旺報，http://chinatimes.com

新浪香港，http://finance.sina.com.hk

彭博社，http://www.bloomberg.com

經濟日報，http://www.edn.udn.com

蘋果日報，http://appledaily.com.tw

International Butlers, http://www.internationalbutlers.com

International Guild of Butlers & House Managers, http://www.igbh.com

(三)交通部觀光局

交通部觀光局（2018）。行政資訊系統旅館業相關統計。取自http://admin.
　　taiwan.net.tw/travel/statistic_h.aspx?no=220

餐飲旅館系列

管家服務

作　　　者／陳貞綉
出　版　者／揚智文化事業股份有限公司
發　行　人／葉忠賢
總　編　輯／閻富萍
特約執編／鄭美珠
地　　　址／新北市深坑區北深路三段 260 號 8 樓
電　　　話／02-8662-6826
傳　　　真／02-2664-7633
網　　　址／http://www.ycrc.com.tw
　E-mail　／service@ycrc.com.tw
　I S B N　／978-986-298-313-3
初版一刷／2012 年 10 月
二版一刷／2019 年 1 月
定　　　價／新台幣 350 元

國家圖書館出版品預行編目（CIP）資料

管家服務 / 陳貞綉著. -- 第二版. -- 新北
市：揚智文化, 2019.01
面；　公分. (餐飲旅館系列)

ISBN 978-986-298-313-3(平裝)

1.服務業　2.家事服務員

489.1　　　　　　　　　　　107021776